초 재밌어서 밤새 읽는
수학 이야기

CHÔ OMOSHIROKUTE NEMURENAKUNARU SÛGAKU

Copyright ⓒ 2011 by Susumu SAKURAI
Illustrations by Yumiko UTAGAWA
First published in Japan in 2011 by PHP Institute, Inc.
Korean translation copyright ⓒ 2014 by The Soup Publishing Co.
Korean translation rights arranged with PHP Institute, Inc.
through Japan Foreign-Rights Centre/ EntersKorea Co., Ltd.

이 책의 한국어판 저작권은 (주)엔터스코리아를 통해
일본의 PHP Institute, Inc.와 독점 계약한 도서출판 더숲에 있습니다.
신 저작권법에 의하여 한국 내에서 보호를 받는 저작물이므로
무단전재와 무단복제를 금합니다.

재밌어서 밤새읽는 **슈학이야기**

사쿠라이 스스무 지음 | 김정환 옮김 | 계영희 감수

더숲

수학은 광활한 우주와 미지의 세계를 이야기하는 언어다

재미있는 수학놀이 중에 마방진(魔方陣)이라는 것이 있다. 이 책 53~61쪽에도 소개되어 있는 이 놀이는 가로·세로·대각선의 합(더한 수)이 전부 같게 만드는 게임이다. 종류도 다양해 3방진(9칸), 4방진(16칸), 5방진(25칸) 등 칸수를 늘려가며 놀이를 할 수 있다. 또 가로와 대각선의 합이 전부 똑같도록 수가 배치되어 있는 '마육각진(魔六角陣)'도 있다(본문 60~61쪽에 나옴).

이 놀이에 한 번 빠지면 마귀에 홀린 것처럼 쉽게 헤어나오지 못하게 된다고 해서 그런 이름이 붙었다고 한다. 여러분도 이 놀이를 해보면 틀림없이 수의 신비와 매력에 깜짝 놀랄 것이다.

일본의 세키 다카카즈(関孝和, 1642~1708)와 인도의 라마누잔 (Srinivāsa Aiyangar Rāmānujan, 1887~1920)은 그 놀라움에 이끌려 수학자가 되었다. 이 두 천재 수학자는 어렸을 때 마방진과 만났고, 그 마방진을 진심으로 즐겼다. 퍼즐이 바로 수의 세계로 들어가는 입구였던 것이다. 그리고 수의 세계에 매료된 사람들은 계산의 여행을 떠난다.

우리를 계산의 여행에 초대하는 수라는 미지의 세계. 수학은 이 광활한 우주, 그리고 우리가 생각할 수 있는 광대한 세계를 이야기하는 언어다. 아니, 그뿐만이 아니다. 복권과 도박, 화장 기법, 한자(漢子), 남녀가 만날 확률 등 우리 주변의 곳곳에 수학이 숨어 있다.

이 책의 제목은 『초 재밌어서 밤새 읽는 수학 이야기』인데, 앞에 초(超)를 붙인 데는 이유가 있다. 3부에서 소개하겠지만 수학에는 '초'가 붙는 말이 수없이 많다. 초공간, 초기하급수, 초월수, 초수학……. 안타깝게도 초·중·고등학교의 수학 교과서에는 나오지 않는 것들이다. 사실 인간의 손이 닿지 않는 우주의 끝이나 미시적인 세계를 탐구할 수 있는 수학 자체가 일반적인 언어를 '초월한' 존재인데, 그런 수학에 '초'가 붙는 말이 많다는 사실은 참으로 흥미롭다. 부디 여러분도 그 분위기를 느꼈으면 한다.

계산이라는 여행을 떠난 나그네, 즉 수학자들은 어떤 소원을 가슴에 품고 여행을 떠났을까? 어떤 생각을 하면서 여행을 계속했을까? 그리고 종착점에서 어떤 풍경을 봤을까? 나는 과학 길라잡이로서 이 이야기를 여러분에게 들려주고 싶다.

수학은 어디에서 왔을까?
역사를 되돌아보면
수학의 현재가 보인다.
사람들은 왜 수학을 할까?
태초에 마음이 있었으니
계산이란 여행이다.

자, 그러면 수학의 마음을 발견하기 위한 여행을 함께 떠나자.
계산의 풍경과 수학이라는 언어의 세계를 안전하고 쾌적하게 즐길 수 있도록 이 과학 길라잡이가 안내하겠다.

처음부터 끝까지 흥미진진한 수학의 안내서

2014년 1월, 정부는 올해를 '한국 수학의 해'로 선포하였다. 올해 8월 13일부터 5일간 서울에서 세계수학자대회(ICM)가 열리는 기념비적인 해이기 때문이다. 박근혜대통령이 수학의 노벨상이라고 불리는 필즈(Fields)메달을 40세 미만의 수학자에게 수여하는 멋진 광경이 펼쳐질 것이다. 객관적으로 평가하면 필즈상은 노벨상보다 더 어려운 것이 사실이다. 노벨상은 1년마다 나이 제한이 없이 수여되지만, 필즈상은 4년마다 40세 미만의 젊은 수학자에게 수여되기 때문이다.

"수학은 국력이다"는 프랑스 나폴레옹의 어록으로 유명하다. 이를 입증하듯 한국의 국가 경제력과 평행하게 수학자들의 실력 또한 국제평가에서 11위를 기록했다. 그런데 우리나라 수학교육의 현실은 한마디로 안타까움을 넘어 황당하고 당황스럽다. 국제수학능력을 측정하는 PISA결과가 2003년엔 한국 청소년의 수학이 3위를 기록했다. 반가운 일이었다. 하지만 수학의 흥미도와 동기, 태도에서 31위, 38위를 각각 기록하여 수학교육의 종사자들을 불안으로 몰고 갔다. 2010년의 성적도 수학은 1위였으며, 2013년 성적 역시 수학은 1위이다. 하지만 더욱 학부모와 교사, 수학 교육자들을 당황스럽게 한 것은, 수학에 대한 흥미나 즐거움을 측정하는 내적 동기가 65개국 중 58위이며, 과제를 성공적으로 수행할 수 있는 자아효능감은 62위, 수학적 능력에 대한 믿음인 자아개념은 63위 꼴찌를 향하고 있기 때문이다.

우리는 왜 수학을 재밌게 가르치지 못하고 즐겁게 배우지 못하고 있을까? 오직 입시를 위한 수단과 도구로만 생각해 온 결과라고 반성을 한다. 우리 사회가 공부를 여유롭게 즐기면서 가르치고 배우지 못했기 때문이고, 수학을 상급 학교 진학을 위한 경쟁의 도구와 수단으로만 생각하여 아이들은 두려움과 강박증에다 불안감, 울렁증까지 느낀다고 한다. 우리 아이들의 바닥을

치는 수학의 효능감을 어떻게 치료하고 어떻게 높여야할까?

극단적 처방으로 교과부에서는 2013년 처음으로 스토리텔링을 도입한 초등학교와 중학교 수학교과서를 내놓게 되었다. 스토리텔링을 도입한 목적은 무엇보다도 수학 공부의 목적을 알게 하고, 흥미를 이끌어내고 수학공부의 동기를 부여하고자 함이다. 우리 아이들은 문장제 문제가 나오는 초등학교 고학년이 되면 벌써 '수포자(수학을 포기한자)'가 되고, 문자가 도입되는 중학교시기에 2차, 이과와 문과를 가르는 고등학교시기가 되면 문과생 중 많은 수가 수포자와 수학 혐오증 환자가 되어 버린다. 수포자를 예방하는 한 방편으로는 수학의 이야기를 많이 접하면서 친해지는 것이다.

저자는 이 책을 너무 재밌어서 밤새 읽게 되는 수학책이라고 당당하게 선언하고 있다. 우리 아이들 사이에서는 "완전 재밌어"라는 어투가 유행인데, 이 책은 청소년들이 "완전 재밌어~"라고 친구들에게 소개할 만큼 흥미진진하게 교실에서는 듣지 못했던 수학에 관한 궁금증을 하나씩 파헤쳐준다. 여학생들의 로망인 미인의 얼굴, 친구를 '깜놀'시키는 마술놀이, 2010년 쏘아올린 소행성 탐사기 등을 수학으로 풀어나간다. 또 수학의 아주 기초인 분수의 곱셈과 나눗셈의 원리도 다시 이해할 수 있는 기회를 제공한다. 그 동안 기계적으로만 풀어왔는데 그 이유를 듣고 나면 오래된 숙변이 배출된 것 같은 쾌감을 느낄 수가 있다.

뿐만 아니라 아름다운 수학의 도형을 감상할 수도 있다. 중, 고등학생의 실력으로 도형의 식이 너무 어렵다고 골을 낼 필요가 없다. 그저 감상만 해도 여러분은 충분히 수학을 즐긴 셈이다. 우주공학에 관심 있는 학생에게는 2010년 쏘아올린 소행성탐사기 이야기가 흥미롭게 펼쳐지고, 원주율 계산문제가 왜 중요한지를 차근차근 설명해준다. 당연시 여겼던 길이와 무게가 탄생하게 된 역사적 배경과 수학적 근거도 명백하게 설명해주니 우리 아이들의 수학적 호기심과 동기유발이 된다면 더할 나위 없이 기쁜 일이다. 부모와 자녀들의 소통이 부족한 시대에 이 책이 학부모에게는 과거에 못 누렸던 교양으로의 수학을 다지고, 아이들은 못 배우는 높은 수준의 수학도 자연스레 익힐 수 있는 탐구의 기회가 되기를 바라면서 감수를 했다. 학부모와 아이가 함께 읽을 수 있는 재밌는 수학의 안내서다.

고신대학교 유아교육과 교수, 진 한국수학시학회 부회장 계영희

차례

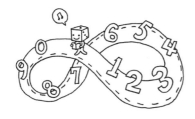

Part3 초 재밌어서 밤새 읽는 수학 이야기

Part 1

나도 모르게 자랑하고 싶어지는
수학이야기

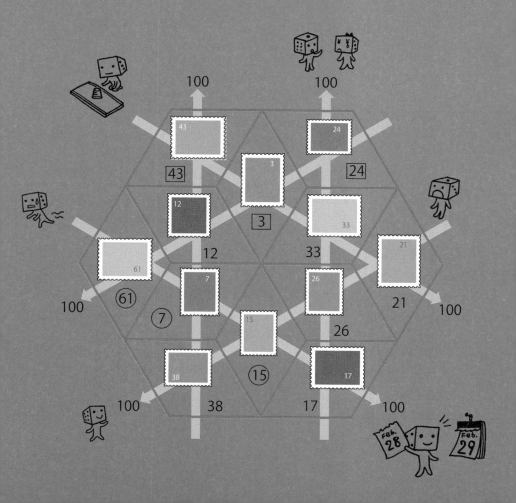

복권과
카지노 중
어느 쪽의 수익이
더 높을까

카지노는 위험한 도박이다?

카지노에 대한 이미지는 그리 좋은 편이 아니다. 반면 라스베이거스로 대표되는 카지노는 도박에 비해 큰돈이 오가는 것은 분명하다. 그러나 실제로 카지노에 가서 경험해보니 생각했던 것만큼 위험한 곳은 아니었다. 아니, 오히려 매우 즐거운 놀이나 오락 공간이라는 생각조차 들었으니 신기한 노릇이다.

그러나 도박과 카지노 사이에는 수학적으로 결정적인 차이가 있다. 수치를 통해 그 차이를 살펴보자.

도박의 비밀을 공개한다

도박에 흥미가 있는 사람은 '기댓값', '환급률' 같은 말을 들어봤을지도 모른다. 이것은 '도박에서 이겼을 때 얼마나 돈을 돌려받을 수 있는가?'를 나타내는 지표다. 경마 등에서 말하는 '배당률(이겼을 때 건 돈의 몇 배가 돌아오느냐를 따지는 배율)'도 여기에 해당한다.

참고로 외국의 카지노나 북메이킹(bookmaking, 스포츠나 어떤 사건 등의 결과에 돈을 거는 도박-옮긴이) 같은 도박에서 사용하는 '배당률'과 일본의 '배당률'은 의미가 다르다. 일본의 '배당률'은 '건 돈과 받을 돈의 배율'을 가리킨다. 가령 경마에서 "1번 말의 단승(單勝, 어떤 말이 1등을 할지 맞히면 돈을 따는 배팅 방식. 그밖에 1등과 2등을 순서에 상관없이 맞히는 복승식, 1등과 2등을 순서대로 맞히는 쌍승식 등의 배팅 방법이 있다-옮긴이)이 120엔(1.2배)"이라고 하면 이것은 '1번 말이 그 경주에서 승리했을 때 100엔짜리 마권을 120엔으로 환급받을 수 있다(1.2배가 된다)'는 의미다.

그러나 외국의 배당률은 확률을 바탕으로 계산되는 수치다. 승리할 확률을 'p'라고 하면 패배할 확률은 '1-p'다. 이 비율, 즉 '$\frac{\text{승리할 확률}}{\text{패배할 확률}} = \frac{p}{(1-p)}$'을 배당률(앞으로 나올 배당률은 전부 외국의 배당률을 의미한다)이라고 한다. 요컨대 '배당률이 0.1이라면 1이라는 돈을 걸어서 이겼을 때 벌 수 있는 돈은 $\frac{1}{0.1} = 10$, 즉 돈 1을 걸었을 때 돌려받는 돈은 1+10=11'이 된다. 이것을 일본에서는 "배율 11배"

라고 말한다. 그러면 좀 더 살펴보자.

배당률이 '0.25'라면 수익은 '$\frac{1}{0.25} = 4$', 따라서 '배율 5배'

배당률이 '1'이라면 수익은 '$\frac{1}{1} = 1$', 따라서 '배율 2배'

배당률이 '2'라면 수익은 '$\frac{1}{2} = 0.5$', 따라서 '배율 1.5배'

배당률이 '4'라면 수익은 '$\frac{1}{4} = 0.25$', 따라서 '배율 1.25배'

이와 같이 배당률이 '1'보다 작을수록 '수익이 커진다.'는 사실을 알 수 있다.

 복권에 당첨될 확률은?

그리고 '기댓값'은 이 확률을 바탕으로 계산한 수치다. 가령 '복권의 당첨금 기댓값＝당첨 확률×당첨금'이다. 복권의 경우 등수별로 당첨 복권의 수(확률)와 당첨금이 정해져 있으므로 '기댓값'은 각 등수별 '당첨 확률×당첨금의 합'을 계산해 구할 수 있다.

그러면 다음 19쪽을 보면서 실제 복권을 바탕으로 '기댓값'을 계산해보자. 당첨금×당첨 복권의 합계를, 복권 발행수로 나눈 값이 '기댓값'이 된다. 이것을 계산하면 왜 일본에서는 카지노가 실현되지 않는지 그 이유가 보인다.

2010년 일본에서 가장 인기있는 연말 점보 복권의 '기댓값'은 142.99엔임을 알 수 있었다. 이것이 한 장에 300엔인 점보 복권의 기댓값이다. 이것을 '100엔당'으로 환산하면 '47.66엔'이 된다. 이 비율로 나타낸 '47.66%'를 '환급률'이라고 한다. 요컨대 '100엔에 대해 47.66엔이 당첨금으로 지급되는' 것이다. 이와 같이 '기댓값'과 '환급률'은 모두 실질적으로 얼마를 돌려받는지 나타내는 지표다.

◆ **연말 복권 분석표**

2010년 연말 점보 복권의 예

등급	당첨금	장수 (74유닛)	1유닛 (1,000만 장)	당첨금×장수 (1유닛)
1등	200,000,000엔	74장	1장	200,000,000엔
1등 앞뒤 번호	50,000,000엔	148장	2장	100,000,000엔
1등과 조가 다른 번호	100,000엔	7,326장	99장	9,900,000엔
2등	100,000,000엔	370장	5장	500,000,000엔
3등	1,000,000엔	7,400장	100장	100,000,000엔
4등	10,000엔	740,000장	10,000장	100,000,000엔
5등	3,000엔	2,220,000장	30,000장	90,000,000엔
6등	300엔	74,000,000장	1,000,000장	300,000,000엔
행운상	30,000엔	74,000장	1,000장	30,000,000엔
			합계 금액	1,429,900,000엔

그러므로,

기댓값 = 1,429,900,000엔 ÷ 10,000,000 = 142.99엔

어떤 도박이 수익률이 높을까?

참고로 '기댓값'에는 돈의 단위가 붙지만 환급률에는 단위가 붙지 않는다.

이것만 봐서는 판단이 안 될 테니 다른 도박들의 '환급률'과 비교해보자.

◆ **각종 도박의 환급률 일람**

도박	환급률
복권	45.7%
경마, 경륜	74.8%
파친코, 파친코식 슬롯머신	60~90%(공식 발표된 데이터 없음)
룰렛	94.74%
슬롯머신	95.8%
바카라(플레이어)	98.64%
바카라(뱅커)	98.83%

이제 알았겠지만, 일본에서 도박은 카지노(룰렛, 슬롯머신, 바카라)에 비해 환급률이 낮다. 복권과 경마, 경륜 등 일본 공영 도박의 환급률이 낮은 이유는 당첨금 지급분과 사업 경비를 뺀 나머지, 즉 수익금이 판매원인 지방 자치 단체의 수입이 되기 때문이다. 바로 이것이 공영 도박이 존재하는 이유인데, 뒤집어 말하면 카지노가 생기기 어려운 원인도 된다.

굵고 짧게 즐길 것인가, 가늘고 길게 즐길 것인가

카지노의 특징은 90퍼센트가 넘는 수치를 봐도 알 수 있듯이 '환급률이 매우 높다.'는 점이다. 그러므로 적은 밑천으로도 오랫동안 즐길 수 있다. 환급률이 100퍼센트보다 조금이라도 낮으면 도박판의 주인은 반드시 그 차액을 '수익'으로 얻을 수 있다. 큰돈을 걸어 짧게 끝낼 수도 있고 적은 돈으로 오래 즐길 수도 있는 것이 카지노다. 카지노의 높은 환급률은 매우 합리적임을 알 수 있다. 그러므로 만약 일본에 민간 카지노가 생기면 지금 운영되고 있는 공영 도박과 파친코, 파친코식 슬롯머신이 큰 타격을 받을 것은 불을 보듯 뻔하다(우리의 경우 외국인 전용 카지노가 전국에 13개업체가 운영중이며, 그중 강원도 정선의 강원랜드는 내국인 출입이 허용되는 유일한 카지노다—옮긴이).

언젠가 일본에 카지노가 생길지, 아니면 영원히 생기지 않을지는 알 수 없다. 또 카지노나 도박을 권장하는 것도 아니다. 다만 수학적으로 보면 '리스크가 큰 공영 도박'과 '적은 돈으로도 오랫동안 즐겁게 놀 수 있는 카지노'를 비교는 할 수 있다.

여러분은 어떻게 생각하는가?

> 환급률에 주목하는 것이 재미있게 즐길 수 있는 비결이구나.

도박에
필승법이
있다?

조건이 붙는 필승법

도박에 언제나 돈을 딸 수 있는 필승법 같은 것은 없다. 여기에는 우연성의 요소가 많이 작용하기 때문이다. 그러나 '조건'이 붙는다면 얘기가 달라진다. 그런 필승법 중 하나가 '마틴게일법'이다. 이것은 '이겼을 때 배당률이 2배 이상인 도박'일 경우 반드시 이익을 낼 수 있는 필승법이다.

필승법의 원리는 간단하다

먼저 기본적인 원리를 이해하는 것부터 시작하자.

내용을 이해하기 쉽도록 이겼을 때 항상 건 돈의 2배를 받는 도박을 생각해보자. 처음에 100엔을 걸고 도박을 시작한다. 그러면 이겼을 경우의 배당금은 2배인 200엔이므로 건 돈을 뺀 100엔이 수익이 된다.

만약 졌다면 다음에는 앞에서 건 돈의 2배인 200엔을 건다. 그래서 이기면 배당금으로 200엔의 2배인 400엔을 받으므로 '400-(100+200)=100⁽엔⁾'을 벌게 된다.

만약 또 졌다면? 다음에는 앞에서 건 돈의 2배인 400엔을 건다. 그래서 이기면 배당금으로 400엔의 2배인 800엔을 받으므로 '800-(100+200+400)=100⁽엔⁾'을 벌게 된다.

이번에도 졌다면 다음에는 앞에서 건 돈의 2배인 800엔을 건다. 그래서 이기면 배당금으로 800엔의 2배인 1,600엔을 받으므로 '1600-(100+200+400+800)=100⁽엔⁾'을 벌게 된다.

그런데도 또 졌다면? 다음에는 앞에서 건 돈의 2배인 1,600엔을 건다. 그래서 이기면 배당금으로 1,600엔의 2배인 3,200엔을 받으므로 '3200-(100+200+400+800+1600)=100⁽엔⁾'을 벌게 된다.

그래도 졌다면 다음에는 앞에서 건 돈의 2배인 3,200엔을 건다. 그래서 이기면 배당금으로 3,200엔의 2배인 6,400엔을 받으므로 '6400-(100+200+400+800+1600+3200)=100(엔)'을 벌게 된다.

　이제 눈치 챘는가? 요컨대 '이길 때까지 판돈을 계속 2배로 올린다.'가 이 방법의 전부다. 어느 시점에서 이기든 반드시 처음 걸었던 돈과 같은 액수인 100엔을 벌 수 있다. 그리고 이긴 뒤에도 도박을 계속하고 싶으면 수익금에 손을 대지 말고 다시 100엔부터 시작한다.

시뮬레이션을 통해 알아본 필승법

　그러면 이 방법을 실제로 시험해보자.

　'마틴게일법'의 원리를 살펴봤을 때, 도박에 계속 질 경우 거는 돈의 액수를 점점 늘려야 하므로 초기 자금이 중요함을 알 수 있다. 앞의 게임에서 계속 지기만 할 경우 얼마나 자금이 필요한지, 즉 어느 정도까지 져도 괜찮은지 계산해보자.

　1회 졌을 때 100+200=300(엔)

　2회 졌을 때 100+200+400=700(엔)

　3회 졌을 때 100+200+400+800=1,500(엔)

　　⋮

8회 졌을 때 51,100(엔)

9회 졌을 때 102,300(엔)

10회 졌을 때 204,700(엔)

n회 졌을 때 $(2^{(n+1)}-1) \times 100$(엔)

이것을 표로 나타내면 다음 26쪽과 같다. 예를 들어 밑천을 10만 엔 준비해서 '마틴게일법'에 따라 돈을 걸었을 경우, 여덟 번 연속해서 지면 건 돈의 합계가 5만 1,100엔이 되고 다음에는 5만 1,200엔을 걸어야 하므로 10만 엔을 초과한다. 즉 5만 1,100엔을 잃은 채로 자리에서 일어나야 한다. 이와 같이, 당연한 말이지만 초기 자금이 넉넉할수록 승부를 걸 수 있는 횟수가 늘어나며 반대로 초기 자금이 적을수록 승부를 걸 수 있는 횟수가 줄어든다.

또한 지금까지 계산한 결과에서 알 수 있는 점은 아무리 자금을 많이 준비해도 '이겼을 때 얻을 수 있는 이익은 처음에 걸었던 금액인 100엔뿐'이라는 것이다. 자금을 10만 엔이나 준비했는데 고작 100엔밖에 벌지 못한다면 도저히 매력적인 필승법이라고는 말할 수 없다. 다만 실제 도박의 배당률은 항상 2배가 아니라 종류에 따라 2배 이하에서 수십 배, 수백 배끼지 변동한다. 요컨대 이겼을 때의 배당률이 2배가 아니라 10배라면 수익은 그만큼 더 커진다는 말이다. 가령 앞의 예에서 5회째에 1,600엔을 걸었는데 배당률이 10배였다면 '16000-3100=12900엔'의 수익이 생긴다. 이 정도라면 마틴게일법을 써봐도 좋을 것이다.

◆ 마틴게일법에 따라 계속 돈을 걸면……

	건 돈	건 돈의 합계
1회째	100엔	100엔
2회째(1회 짐)	200엔	300엔
3회째(2회 짐)	400엔	700엔
4회째(3회 짐)	800엔	1,500엔
5회째(4회 짐)	1,600엔	3,100엔
6회째(5회 짐)	3,200엔	6,300엔
7회째(6회 짐)	6,400엔	12,700엔
8회째(7회 짐)	12,800엔	25,500엔
9회째(8회 짐)	25,600엔	51,100엔
10회째(9회 짐)	51,200엔	102,300엔
11회째(10회 짐)	102,400엔	204,700엔

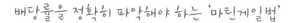
배당률을 정확히 파악해야 하는 '마틴게일법'

그러면 실례를 하나 소개하겠다. 나는 모 텔레비전 방송국의 수학 특집 방송에 출연한 적이 있는데, 그 방송에서는 먼저 '마틴게일법'을 설명한 다음 진짜로 '마틴게일법'에 따라 경마에 돈을 걸었다. 아나운서가 나카야마 경마장을 찾아가 단승 배율이 2배 이상일 때만 마권을 산다는 규칙을 정하고 '100엔'부터 시작했다. 요컨대 앞의 표와 같이 계산을 진행했다. 관심사는 마지막에 적중시켰을 때의 배당률이었는데, 결국 10회 연속으로 허탕만 치다가 11회째에 2.8배를 적중시켜 '102400×2.8-204700=82020(엔)'을 벌어들였다.

진짜로 대본 없이 진행한 것이었는데, 다행히 적절한 타이밍에 좋은 결과가 나왔다. 그러면 왜 '단승 배율 2배 이상일 때만 마권을 산다.'는 규칙을 정했는지 생각해보자. 실제 경마에서는 배당률이 변동된다. 여러분이 엄청난 부자여서 큰돈을 들여 2배가 조금 넘는 정도의 마권을 잔뜩 샀다면 그 탓에 배당률이 2배 밑으로 떨어지는 상황도 가능하다. 그래서 만약 배당률이 1.9배인 마권을 구입하는 결과가 되었다면 설령 적중을 했더라도 이익이 나지 않을 수 있다.

요컨대 배당률을 정확히 파악해 '마틴게일법'을 실행하려면 나름대로 고도의 판단이 요구된다.

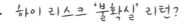
하이 리스크 '불확실' 리턴?

만약 경마장에서 하루 동안 열리는 12레이스에 전부 돈을 걸었다가 모조리 빗나갔다면 40만 9,500엔을 잃게 된다. 또 이만큼 돈을 쏟아부어 적중했을 경우도 그때의 배당률이 어느 정도일지 알 수 없으므로 얼마나 벌 수 있을지는 알 길이 없다. 다시 한 번 말하지만, 배당률이 딱 2배라면 얼마를 걸었든 수익은 '처음에 걸었던 100엔'뿐이다. 그야말로 '하이 리스크 로 리턴(high risk low return)'인 것이다.

다만 12번째 레이스에서 드디어 마권이 적중했는데 배당률이 2.1배였다면 '204800×2.1-409500=20580(엔)'의 이익이 생기며, 3배였다면 20만 4,900엔을 벌게 된다. 이와 같이 배당률이 오르면 하이 리스크 하이 리턴이다. 이렇게 보면 결국 경마에 '마틴게일법'을 적용하는 것은 하이 리스크 '불확실' 리턴이라고 할 수 있다.

그래도 도전해보겠는가!?

◆ 계속할수록 액수가 커진다!

	건 돈	건 돈의 합계
12회째(11회 짐)	204,800엔	409,500엔
13회째(12회 짐)	409,600엔	819,100엔
14회째(13회 짐)	819,200엔	1,638,300엔
15회째(14회 짐)	1,638,400엔	3,276,700엔
16회째(15회 짐)	3,276,800엔	6,553,500엔
17회째(16회 짐)	6,553,600엔	13,107,100엔

점점
현기증나는 액수가
되어가고 있어……

✦ 유일한 필승법은……

'마틴게일법'은 리스크가 있는 필승법이었다. 만약 여러분이 어떻게든 확실히 돈을 벌고 싶다면 방법은 하나다. 바로 도박의 주최자(딜러)가 되는 것이다. 앞의 '복권과 카지노 중 어느 쪽의 수익이 더 높을까'에서도 소개했듯이 도박은 종합적으로 볼 때 '게임 참가자는 반드시 손해를 보고 주최자(딜러)는 반드시 이익을 내는 구조'다.

게임 참가자인 이상은 도박으로 돈을 벌려고 생각하기보다 돈

을 걸며 승부를 즐기는 오락으로 여기는 것이 도박을 대하는 건

전한 자세라는 얘기다.

주사위에서 홀 또는 짝이 나올 확률은 $\frac{1}{2}$

수학으로
미인이 되자!
미인각 美人角

✦ 사람들은 왜 모나리자에 매료되는가

영화 '로마의 휴일'로 유명한 불멸의 미녀 배우 오드리 헵번.

할리우드의 스타에서 모나코의 왕비가 된 그레이스 켈리.

지금까지도 미녀의 대명사로 통하는 비운의 배우 마릴린 먼로.

그리고 '미소의 상징'인 레오나르도 다빈치의 명화 '모나리자.'

시대를 초월해 사람들을 매료시켜온 미인들의 얼굴에는 어떤
공통점이 있다. 바로 양쪽 눈썹과 입술의 양쪽 끝을 연결한 두
선이 이루는 각도가 45도라는 것이다.

45도에는 어떤 비밀이 숨겨져 있는 것일까?

건축와 예술에 깃들어 있는 45도

이 45도를 '미인각'이라고 부르기로 하자.

사실 미인각은 '정사각형'이나 '백은비(Silver Ratio)'와 관계가 있다. 일본의 건축에는 산에서 베어 온 통나무를 정사각 기둥의 모형으로 가공한 목재가 사용된다. 가장 낭비가 적고 인장 강도가 커지는 단면. 이것이 정사각형의 특징이다. 그리고 그 목재를 사용해 만든 다실(茶室)에서는 수많은 정사각형을 볼 수 있다. 정사각형은 일본 문화의 특징인 다실에서 볼 수 있는 양식미(樣式美)라고 할 수 있다. 다다미의 배치, 화로, 방석, 이불, 미닫이문 등 모든 것이 정적(靜寂)을 연출하기 위해 선택된 정사각형이다. 낭비를 철저히 배제한 형태인 정사각형 속에서 합리적인 다도구의 배치와 동작이 디자인된 세계. 이것이 바로 다도(茶道)다.

또 45도는 정사각형에 대각선을 그었을 때 생기는 각도이기도 하다. 일본의 전통 연극인 노(能)의 경우, 무대가 정사각형인 것이 중요한 의미를 지닌다. 노의 주인공을 연기하는 배우인 '시테'는 '정사각형'의 무대 위에서 항상 대각선 방향으로 움직인다는 이야기를 들은 적이 있다. 즉 예술의 세계인 노에서는 45라는 각도를 의식하고 있다는 말이다.

◆45도가 숨어있는 다양한 정사각형

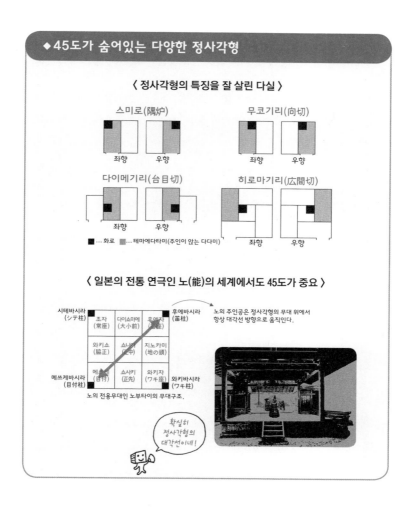

〈 정사각형의 특징을 잘 살린 다실 〉

스미로(隅炉)
좌향 우향

무코기리(向切)
좌향 우향

다이메기리(台目切)
좌향 우향

히로마기리(広間切)
좌향 우향

■…화로 ▨…테마에다타미(주인이 앉는 다다미)

〈 일본의 전통 연극인 노(能)의 세계에서도 45도가 중요 〉

시테바시라
(シテ柱)

조자
(常座)

다이쇼마에
(大小前)

후에자
(笛座)

후에바시라
(笛柱)

노의 주인공은 정사각형의 무대 위에서 항상 대각선 방향으로 움직인다.

와키쇼
(脇正)

쇼나카
(正中)

지노카미
(地の頭)

메쓰케바시라
(目付柱)

메부
(目付)

쇼사키
(正先)

와키자
(ワキ座)

와키바시라
(ワキ柱)

노의 전용무대인 노부타이의 무대구조.

확실히
정사각형의
대각선이네!

✦ 정사각형, 백은비, 닮은꼴과 45도의 관계

한편 '백은비'는 '1 대 $\sqrt{2}$의 비(比)'인데, $\sqrt{2}$는 '약 1.4'다.
이 '백은비'는 '정사각형'에 대각선을 그었을 때 나타난다. 일본

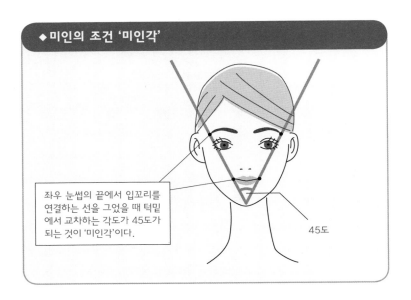

◆미인의 조건 '미인각'

좌우 눈썹의 끝에서 입꼬리를 연결하는 선을 그었을 때 턱밑에서 교차하는 각도가 45도가 되는 것이 '미인각'이다.

45도

전국 시대의 승려인 셋탄(雪丹, ?~?)이 그린 수묵화나 에도 시대의 화가인 히시카와 모로노부(菱川師宣, 1618~1694)의 '돌아보는 미녀'에서도 1 대 약 1.4라는 백은비를 발견할 수 있다. 또 복사용지는 가로와 세로의 비가 백은비인 '백은비 직사각형'이다. 복사용지는 반으로 접어도 원래의 직사각형과 똑같은 모양이 되는 성질(닮음)이 있다.

'백은비'는 정사각형의 한 변과 대각선의 비이기도 하다. 정사각형의 한 변과 대각선이 이루는 각도는 45도다. 그리고 두 각의 크기가 45도인 직각이등변삼각형에는 비밀이 숨겨져 있다. 색

종이를 떠올려보기 바란다. 대각선으로 반을 접으면 다시 두 각의 크기가 45도인 직각이등변삼각형이 된다. 그리고 또 반으로 접어도 역시 똑같은 모양(닮은꼴)인 이등변삼각형이 된다. 이렇게 반으로 접어나가면 똑같은 이등변삼각형이 계속 만들어진다. 요컨대 닮은꼴이 무한히 만들어진다고도 할 수 있다(물론 종이를 접을 경우는 한계가 있지만).

이와 같이 45도는 정사각형과 '백은비'를 연상시키며, 나아가서는 무한한 닮은꼴과도 연결되는 각도다. 어쩌면 다도의 세계를 확립한 센노 리큐(千利休, 1522~1591)나 수묵화의 세계에 커다란 공적을 남긴 셋탄은 '45도의 비밀'을 알고 있었는지도 모른다.

각도를 의식한 화장으로 미인이 되자

여성의 얼굴이라는 무대에 나타나는 45도는 '정사각형'과 '백은비'를 연상시키며 한 점의 낭비도 없는 아름다움으로 통한다. 그리고 45도의 라인은 직각이등변삼각형에서 무한히 만들어지는 닮은꼴을 연상시킨다. 어쩌면 45도는 잠재적으로 우리의 미의식에 영향을 주는 각도가 아닐까? 사람들은 45도를 보고 무한에 대한 '아름다움', 영원함에 대한 '아름다움'을 느꼈는지도 모른다. 이것이 '미인각 45도'의 비밀이다.

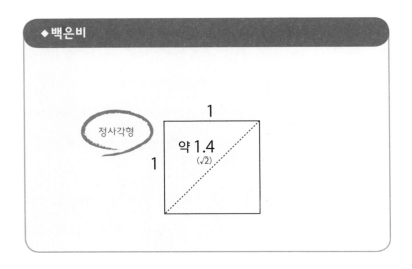

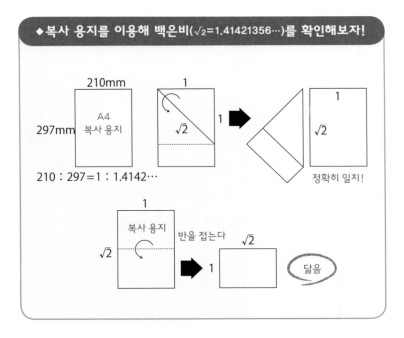

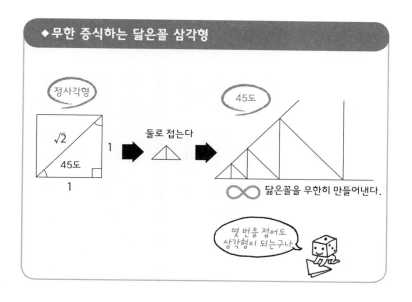

◆무한 증식하는 닮은꼴 삼각형

여러분도 시험 삼아 정면에서 얼굴을 촬영하고 선을 두 개 그어 각도를 측정해보기 바란다. 여러분은 미인각의 소유자일까? 설령 미인각이 아니었더라도 실망할 필요는 없다. 또 정확히 45도는 아니더라도 근접한 각도라면 화장을 할 때 이 이론을 활용할 수 있다. 그렇다. 눈썹 라인의 길이를 조정하면 되는 것이다. 자, 오늘부터 '미인각 45도'를 실천해보기 바란다.

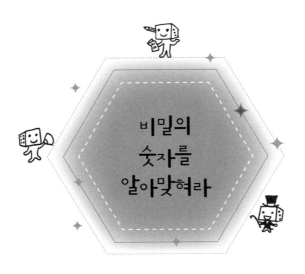

비밀의
숫자를
알아맞혀라

전자계산기를 이용한 숫자 알아맞히기 마술

일상생활에 자주 활용되어 우리에게 친숙한 전자계산기. 이 전자계산기를 이용해 누구나 할 수 있는 '숫자 알아맞히기 마술'이 있다는 사실을 아는가? 지금부터 여러분에게 그 마술을 소개하겠다. 그러면 먼저 10자리 이상을 표시할 수 있는 전자계산기를 준비하기 바란다. 그리고 마술을 보여주고 싶은 상대에게 이렇게 말하면서 다음의 각 단계에 따라 숫자와 기호를 입력하게 한다.

단계 1   먼저 "지금부터 마술을 보여드릴 테니 조금만 기다려 주세요."라고 말하면서 전자계산기에 '12345679'를 입력한다. 단, 8은 입력하지 않는다.

단계 2   '×(곱하기)'를 누른 다음 "1부터 9까지의 숫자 중에서 좋아하는 숫자(비밀의 숫자)를 제가 보지 못하도록 조심해서 누르고 '=(이퀄)'을 눌러주시겠어요?"라고 말하며 전자계산기를 건넨다.

단계 3   상대가 숫자와 '='을 눌렀으면 전자계산기를 돌려받는다. 그리고 "당신이 고른 숫자를 알아내기 위해 다시 한 번 주문을 외우겠습니다."라고 말하며 '×', '9', '='을 누른다.

단계 4   표시된 숫자를 확인한 다음 상대에게 전자계산기를 보여주면서 "당신이 고른 숫자는 ○이지요?"라며 상대가 고른 숫자를 맞히면 된다.

비밀의 숫자가 9개 나열되는 신기한 계산법

그러면 어떻게 단계 4 에서 상대가 고른 숫자를 맞힐 수 있는지 순서에 따라 추적해보자.

단계 1   '12345679'를 입력.

단계 2   가령 상대가 '7'을 골랐다면 '12345679×7'이 된다.

단계 3   상대가 '='을 눌렀다면 '86419753'이 표시되므로 계
산기를 돌려받은 다음 계속해서 '×', '9', '='을 누른다.

단계 4   계산기에는 '777777777'이 표시된다.

사실은 단계 4 에서 '상대가 고른 수'가 '9개 나열된' 상태로 표
시되므로 그것을 보고 "7을 골랐군요."라고 정답을 말할 수 있다.

요컨대 마지막 결과를 보면 '비밀의 숫자'를 자연스럽게 알 수
있다.

그러면 이 전자계산기 마술의 트릭을 공개하겠다.

우리는 단계 1 부터 단계 4 의 과정을 통해 '12345679×(비
밀의 수)×9'를 계산하게 된다. 이 계산은 순서를 바꾸면
'12345679×9×(비밀의 수)'라고 할 수 있는데, 곱셈 '12345679
×9'의 답은 '111111111'이다. 요컨대 '111111111×(비밀의 수)'
이므로 답은 '비밀의 숫자가 9개 나열된 수'가 되는 것이다.

◆ 전자계산기 마술을 해보자!

단계 1	단계 2	단계 3	단계 4

12345679	*86419753*	*×9*	*111111111*

단계 1: ① ② ③ ④ ⑤ ⑥ ⑦ ⑨

단계 2: ×7=
'비밀의 숫자'를 곱해주세요.

단계 3: ×9

단계 4: =
결과를 보여주세요.
'비밀의 숫자'는 7이군요!

◆ 전자계산기 마술의 트릭

$$12345679 \times 9 = 111111111$$

그렇구나!

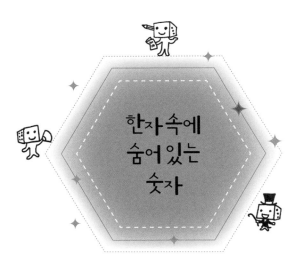

한자속에
숨어있는
숫자

나이를 의미하는 명칭과 수학의 신기한 관계

나이를 의미하는 명칭과 수학의 신기한 관계

88세를 '미수(米壽)'라고 하듯이, 동양에서는 장수를 축하하는 의미에서 특정 나이를 'ㅇ수(壽)'라는 또 다른 이름으로 부른다. 가령 77세는 '희수(喜壽)', 99세는 '백수(白壽)'라고 한다. 그런데 각각의 나이를 왜 그렇게 부르는 것일까? 여기에서 우리는 '한자 속에 숨겨진 숫자'를 발견할 수 있다.

그러면 한자 속에 숨겨진 숫자를 찾으러 떠나보자.

먼저 88세를 가리키는 '미수'부터 살펴보자. 미수의 '미(米)'라는 한자를 분해해 살펴보면 '팔(八)과 십(十)과 팔(八)'이라는 세 숫자로 구성되어 있음을 발견할 수 있다. 그래서 '88세'가 '미수'인 것이다.

다음에는 77세를 뜻하는 '희수(喜壽)'의 '희(喜)'라는 한자를 살펴보자. '희'를 초서체로 쓰면 '희(㐂)'가 된다. '칠(七)'이 가로로 두 개 늘어서 있는 것이 '77'로 보이지 않는가?

99세가 '백수(白壽)'인 이유는 100세의 또 다른 명칭인 '백수(百壽)'에 힌트가 숨어 있다. 백(百)에서 '일(一)'을 빼면 '백(白)'이 되는 것이다. 식으로 나타내면 다음 44쪽과 같은 뺄셈이 된다.

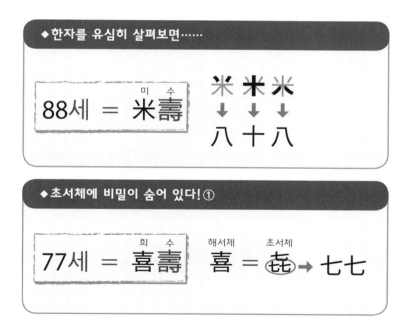

◆ 한자를 유심히 살펴보면……

미 수
88세 = 米壽

米 米 米
↓ ↓ ↓
八 十 八

◆ 초서체에 비밀이 숨어 있다! ①

희 수
77세 = 喜壽

해서체   초서체
喜 = 㐂 → 七七

◆신기한 한자 계산① 99가 탄생하는 뺄셈

100세 = 百壽(백수)

99세 = 白壽(백수)

百 − 一 = 白

100 − 1 = 99

◆초서체에 비밀이 숨어 있다!②

80세 = 傘壽(산수)

해서체 傘 = 초서체 仐

仐 → 八

仐 → 十

◆한자를 분해하면……

81세 = 半壽(반수)

半 半 半

↓ ↓ ↓

八 十 一

◆ 초서체에 비밀이 숨어 있다! ③

90세 = 卒壽(졸수)

해서체 卒 = 초서체 卆

卆 → 九

卆 → 十

신기한 한자 계산② 111이 만들어진다

111세 = 皇壽(황수)

皇 皇 皇

↓ ↓ ↓

白 十 二

99 + 10 + 2 = 111

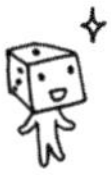

한자의 덧셈과 뺄셈

한자 속에 숨겨진 숫자는 이 외에도 많다. 그중 몇 가지를 소개하겠다.

80세는 '산수(傘壽)'라고 한다. 이것은 '산(傘)'의 초서체가 '산(仐)'으로 '팔십(八十)'처럼 보이기 때문이다.

81세는 '반수(半壽)'라고 한다. '반(半)'은 잘 보면 '팔(八)'과 '십

‘(十)’과 ‘일(一)’로 분해할 수 있다.

90세는 ‘졸수(卒壽)’다. 이것은 ‘졸(卒)’의 해서체가 ‘졸(卆)’로, ‘구(九)’와 ‘십(十)’이 합쳐진 것처럼 보이기 때문이다.

111세는 ‘황수(皇壽)’다. ‘황(皇)’을 ‘백(白)’과 ‘왕(王)’으로 나눠서 생각해보자. ‘백(白)’은 ‘백(百)’이라는 한자에서 ‘일(一)’을 뺀 것이므로 ‘100-1=99’가 되며, ‘왕(王)’에는 ‘십(十)’과 ‘이(二)’가 숨어 있으므로 ‘99+10+2=111’이 된다. 또 ‘천수(川壽)’라고 부르기도 하는데, ‘천(川)’이라는 한자가 ‘1’이 세 개 늘어서 있는 듯이 보이기 때문이다.

그리고 1,001세(인간의 수명으로는 현실적이지 못하지만……)는 ‘왕수(王壽)’라고 한다. 그러고 보면 ‘왕(王)’이라는 한자는 ‘천(千)’과 ‘일(一)’로 구성되어 있는 듯이 보이기도 한다.

한자 퀴즈-‘차수의 비밀을 풀어라’

그러면 마지막으로 문제를 하나 내겠다. 108세를 ‘차수(茶壽)’라고 부르는데, 그 이유는 무엇일까?

‘차(茶)’의 부수인 초두(艹)를 둘로 나누면 ‘십(十)’과 ‘십(十)’이 된다. 즉 ‘10+10’이므로 ‘20’이다. 그리고 초두 밑의 부분은 ‘미(米)’와 마찬가지로 ‘팔(八)’과 ‘십(十)’과 ‘팔(八)’로 구성되어 있으므로

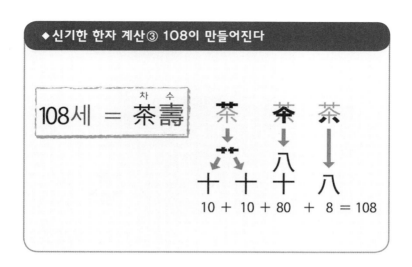

'88'이다. 그래서 '20+88=108'이 되는 것이다.

이와 같이 'ㅇ수'라는 나이의 별칭은 장수를 축복하는 마음을 표현한 특별한 명칭이다. 수와 한자의 멋들어진 합체 기술인 것이다. 여러분도 수와 한자의 합체에 도전해보기 바란다. 여러분만의 'ㅇ수'를 발견할지 또 누가 아는가?

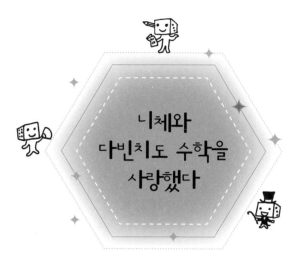

니체와
다빈치도 수학을
사랑했다

인간과 우주 사이를 연결하는 신비한 수의 세계

우리와 수는 말 한마디로는 설명할 수 없는 복잡한 관계를 맺고 있다. 그리고 수학자들은 계산을 통해 그 수들이 상상 이상으로 조화로운 관계에 있음을 밝혀왔다. 수가 엮어내는 장대한 드라마와 그 속에 숨겨진 진실의 모습은 아름다움을 추구하는 우리의 본능과 맞물리며 '등호라는 레일'을 끊임없이 연결해왔다.

수가 우리 인간과 우주의 사이를 연결하는 모습은 참으로 아름답고 신비하다. 수를 통해 그 신비를 느낄 수 있는 것이야말로 우리 인간의 특권이 아닐까?

 ✦ 수학을 찬양하는 수많은 명언

그 신비를 깨달은 위인들은 다양한 표현으로 수학에 찬

사를 보냈다.

> 수학적인 사고방식을 응용하지 못하는 학문이나 수학
> 과 관련이 없는 사항 중에 확실한 것은 하나도 없다.
>
> – 레오나르도 다 빈치(학자 · 화가, 1451~1519)

> 수학만큼 강력하고 매력이 넘치며 인간에게 유익한 학
> 문이 또 있을까?
>
> – 벤저민 프랭클린(정치가 · 과학자, 1706~1790)

> 수학의 번영과 완성은 국가의 부와 밀접하게 연결되어
> 있다.
>
> – 나폴레옹 보나파르트(프랑스 황제, 1769~1821)

> 천문학은 수학의 힘을 빌릴 때 비로소 발전할 수 있다.
>
> – 프리드리히 엥겔스(사상가 · 혁명가, 1820~1895)

수학을 배우는 것은 불멸의 신들에게 다가가는 일이다.

– 플라톤(그리스의 철학자. BC 427~347)

모든 과학에 수학의 예민함과 정확성을 최대한 도입하고 싶다. 그 이유는 사물을 좀 더 잘 알 수 있기 때문이 아니라 사물에 대한 우리 인간의 태도를 명확히 하고 싶기 때문이다. 수학은 인간의 공통적이고 근본적인 인식을 위한 수단이다.

– 프리드리히 니체(독일의 철학자. 1844~1900)

관찰을 위한 한없이 작은 단위, 즉 역사의 미분으로서 인간과 동일한 의욕의 존재를 가정하고 적분하는 기술을 획득했을 때 우리는 비로소 역사의 법칙을 이해할 수 있다는 기대를 품을 수 있다.

– 레프 톨스토이(러시아의 소설가. 1828~1910)

자, 어떤가? 이렇듯 수학은 그 학문 속에 머무르지 않고 예술가와 철학자, 정치가 등 수많은 위인에게 '세계의 진리', '세계를 바라보는 법'을 제시해왔다.

영광스러운 수학자들의 명언

그러면 마지막으로 그 수학을 만들어온 수학자들의 말에 귀를 기울여보자.

만물의 근원은 수(數)다.

— 피타고라스(BC 570년경)

수학은 끊임없이 인간 정신을 찬사하는 데 기여하고 있다.

— 카를 야코비(1804~1851)

수학은 매우 많은 상징적인 기호를 사용하기 때문에 난해하고 불가사의한 학문으로 생각될 때가 많다. 분명 미지의 기호만큼 이해하기 어려운 것은 없다. 또 의미를 부분적으로밖에 모르고 이용하는 데도 익숙하지 않은 상징적인 기호는 아무리 집중해서 본다고 해도 그 흔적을 추적하기조차 어렵기 마련이다. (중략) 그러나 이런 용어들 자체가 어려워서가 아니다. 오히려 그런 것들은 이야기를 이해하기 쉽도록 하기 위해 도입된 것이다. 수학도 마찬가지다. 수학의 온갖 개념에 깊게 주의를 기울인다면 기호는 반드시 복잡한 수식의 간략화에 큰 도움이 될 것이다.

— 알프레드 화이트헤드(1861~1947)

수학의 본질은 수식이 아니라 수식을 이끌어낼 때 도움을 주는 사고과정에 있다.

– 바실리 페트로비치 에르마코프(1845~1922)

수학이란 보편적이며 의심할 여지가 없는 기술이다.

– 윌리엄 벤저민 스미스(1850~1934)

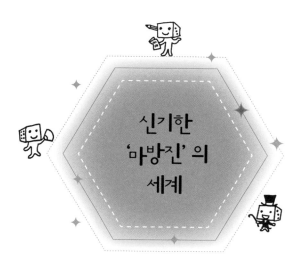

신기한 '마방진'의 세계

수학에는 마법이 아닌 '마방(魔方)'이 존재한다. 지금부터 소개할 '마방진(魔方陣)'은 'n×n'의 칸에 적힌 숫자를 가로, 세로, 대각선 등 어느 방향으로 더해도 그 합이 똑같아지는 신기한 도형이다. 서양에서는 '매직 스퀘어(Magic Square, 마법의 정사각형)'라고 부른다.

그러면 지금부터 여러 가지 마방진을 살펴보자. 다음의 그림을 보기 바란다.

◆ '3×3'의 마방진

4	9	2
3	5	7
8	1	6

어떤 의미가 있는지 이해했는가? 그렇다. 가로, 세로, 대각선의 합이 모두 '15'다.

그러면 실제로 계산해보자.

먼저 세로로 더해보자.

2+7+6=15

9+5+1=15

4+3+8=15

이어서 가로로 더해보자.

4+9+2=15

3+5+7=15

8+1+6=15

마지막으로 대각선으로 더해보자.

4+5+6=15

2+5+8=15

이와 같이 어느 방향으로 더하든 합이 '15'가 되었다. 무수한 수의 조합이 하나의 형태로 결실을 맺은 신비한 존재. 그것이 바로 마방진이다.

✦ 놀라운 마방진, 어디까지 더할 수 있을까

그러면 이어서 '4×4' 마방진을 소개하겠다. 이번에는 가로, 세로, 대각선의 합이 '34'가 된다. 조금 어려우니 전부 그림으로 표시해보자. 56쪽의 그림을 보기 바란다.

여기에 소개한 것 말고도 합이 34가 되는 조합은 더 있다. 이와 같이 끝없는 놀라움을 주는 것이 마방진의 특징이다.

이번에는 조금 더 대단한 마방진이 등장한다. 57쪽의 그림은 언뜻 보면 앞의 마방진과 별 차이가 없는 것 같지만 사실은 일반적인 대각선과 함께 58쪽 그림에 나오는 것처럼 여러 대각선의

◆ '4×4'의 마방진

가로로 더하기

16	3	2	13
5	10	11	8
9	6	7	12
4	15	14	1

16 + 3 + 2 + 13 = 34
5 + 10 + 11 + 8 = 34
9 + 6 + 7 + 12 = 34
4 + 15 + 14 + 1 = 34

세로로 더하기

16	3	2	13
5	10	11	8
9	6	7	12
4	15	14	1

13 + 8 + 12 + 1 = 34
2 + 11 + 7 + 14 = 34
3 + 10 + 6 + 15 = 34
16 + 5 + 9 + 4 = 34

대각선으로 더하기

16 + 10 + 7 + 1 = 34
13 + 11 + 6 + 4 = 34

2×2의 블록을 더하기

16 + 3 + 5 + 10 = 34
2 + 13 + 11 + 8 = 34
9 + 6 + 4 + 15 = 34
7 + 12 + 14 + 1 = 34

합이 34가 되는 조합은 아직도 많다!

16 + 13 + 4 + 1 = 34
10 + 11 + 6 + 7 = 34

3 + 2 + 15 + 14 = 34
5 + 8 + 9 + 12 = 34

16 + 2 + 9 + 7 = 34
10 + 8 + 15 + 1 = 34

3 + 13 + 6 + 12 = 34
5 + 11 + 4 + 14 = 34

◆이 마방진의 어떤 점이 그렇게 대단한 것일까?

14	7	2	11
1	12	13	8
15	6	3	10
4	9	16	5

합도 전부 똑같다.

이와 같은 마방진을 '완전 마방진'이라고 한다.

원이나 육각형도 마방진이 된다!

또 원진(圓陣) 형태의 마방진도 있다. 원둘레와 지름이 만나는 부분에 숫자를 넣은 것이다. 한가운데에 '1'을 배치하고 모든 '둘레'에 있는 숫자의 합과 모든 '지름'에 있는 숫자의 합이 전부 같도록 만든다. 자, 그러면 59쪽의 원진을 완성시켜보기 바란다.

$14+12+3+5=34$
$11+13+6+4=34$

$1+7+16+10=34$
$2+8+15+9=34$

$7+13+10+4=34$
$16+6+1+11=34$

$2+12+15+5=34$
$9+3+8+14=34$

$14+2+15+3=34$
$12+8+9+5=34$

$7+11+6+10=34$
$1+13+4+16=34$

$14+7+1+12=34$
$15+6+4+9=34$
$2+11+13+8=34$
$3+10+16+5=34$

$14+11+4+5=34$
$12+13+6+3=34$
$7+2+9+16=34$
$1+8+15+10=34$

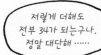

저렇게 더해도
전부 34가 되는구나.
정말 대단해 ……

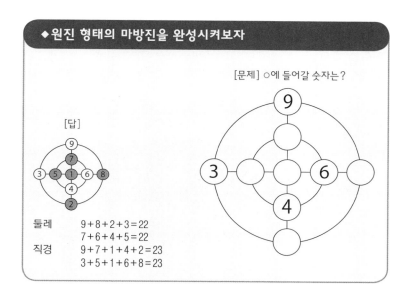

[문제] ○에 들어갈 숫자는?

[답]

둘레	9+8+2+3=22
	7+6+4+5=22
직경	9+7+1+4+2=23
	3+5+1+6+8=23

답은 다음과 같다.

'1'을 한가운데에 놓고 작은 숫자와 큰 숫자를 순서대로 조합한다. 요컨대 '2와 9', '3과 8', '4와 7', '5와 6'의 조합으로 배치하면 된다.

또 육각의 형태로 성립하는 '마육각진'이라는 마방진도 있다. 60쪽의 위쪽 그림을 보기 바란다. '마육각진'은 대각선 왼쪽, 대각선 오른쪽, 가로 등 모든 방향의 합이 똑같다. 이어서 아래 그림에도 주목하기 바란다. 이것도 전부 마육각진인데, 이쯤 되면 확인하는 것만으로도 진이 빠져버린다.

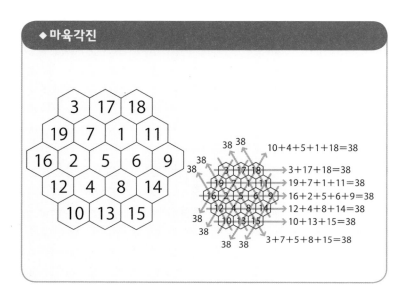

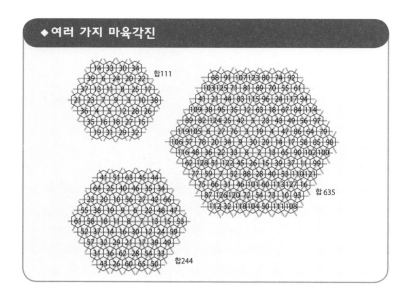

토성=15

4	9	2
3	5	7
8	1	6

목성=34

4	14	15	1
9	7	6	12
5	11	10	8
16	2	3	13

화성=65

11	24	7	20	3
4	12	25	8	16
17	5	13	21	9
10	18	1	14	22
23	6	19	2	15

태양=111

6	32	3	34	35	1
7	11	27	28	8	30
19	14	16	15	23	24
18	20	22	21	17	13
25	29	10	9	26	12
36	5	33	4	2	31

금성=175

22	47	16	41	10	35	4
5	23	48	17	42	11	29
30	6	24	49	18	36	12
13	31	7	25	43	19	37
38	14	32	1	26	44	20
21	39	8	33	2	27	45
46	15	40	9	34	3	28

수성=260

8	58	59	5	4	62	63	1
49	15	14	52	53	11	10	56
41	23	22	44	45	19	18	48
32	34	35	29	28	38	39	25
40	26	27	37	36	30	31	33
17	47	46	20	21	43	42	24
9	55	54	12	13	51	50	16
64	2	3	61	60	6	7	57

달=369

37	78	29	70	21	62	13	54	5
6	38	79	30	71	22	63	14	46
47	7	39	80	31	72	23	55	15
16	48	8	40	81	32	64	24	56
57	17	49	9	41	73	33	65	25
26	58	18	50	1	42	74	34	66
67	27	59	10	51	2	43	75	35
36	68	19	60	11	52	3	44	76
77	28	69	20	61	12	53	4	45

점성술사들은 마방진을 부적으로 삼았다

16세기의 서양 점성술사들은 유대교의 신비주의 중 하나인 카발라, 즉 수비술(數秘術)을 신봉했다. 수비술은 생년월일이나 이름 등 여러 가지 것들을 수로 치환한 다음 독자적인 계산 방법으로 미래를 점치는 기술이다. 그들은 61쪽의 그림처럼 '행성과 위성' 등을 치환한 수(토성은 15, 화성은 65 등)를 바탕으로 마방진을 만들고 그 마방진을 새긴 메달을 부적으로 삼았다.

현대는 마술이 필요가 없어진 시대이지만, 그래도 마방진을 보면 신비한 무엇인가를 느낀다. 수의 신비에 매료되었던 당시의 사람들이 마방진을 부적으로 삼았던 것도 왠지 이해가 되지 않는가?

정사각형으로
정사각형을
메운다?

'루진의 문제'라는 수수께끼

이번에 소개할 것은 마방진 못지않게 신기한 '정사각형
으로 분할된 정사각형(Squared Square)'이다. 그러면 먼저 문제를
읽기 바란다.

> **Q.** 정사각형을 전부 다른 크기의 정사각형으로 겹치거나 비는
> 공간 없이 메울 수 있을까?

러시아의 수학자 니콜라이 루진(Nikolai, Luzin, 1883~1950)이 제

기해 '루진의 문제'라고도 부르는 이 문제는 정사각형이 얼마나 아름다우며 또 어려운 존재인지 말해준다. 지금부터 '정사각형 분할'의 역사를 살펴보는 여행을 시작할 텐데, 해설을 읽지 않고 그림만 봐도 그 매력을 충분히 느낄 수 있을 것이다.

이사벨 부인의 작은 보물상자

영국의 퍼즐 발명가이자 연구가로 유명한 헨리 듀드니(Henry Dudeney, 1857~1930)가 1902년에 출판한 『캔터베리 퍼즐(The Canterbury Puzzles)』에는 114가지 퍼즐이 소개되어 있다. 그 중 40번째로 나오는 퍼즐이 '이사벨 부인의 작은 상자(Lady Isabel's Casket)'라는 문제다.

이사벨 부인이라는 여성의 보물은 나무를 세공한 작은 상자였다. 그 상자는 모양이 정사각형이고 그 내부도 서로 다른 크기의 정사각형으로 나뉘어 있는데, 다만 '상자 안에는 길쭉한 황금 막대(10인치×0.25인치)가 하나 들어 있다.'라는 제한이 붙어 있다. 그렇다면 그 상자는 어떤 모양일까? 이것이 문제다.

해답은 65쪽의 그림과 같다.

한 변이 20인치인 정사각형의 내부가 전부 다른 크기의 정사각형으로 분할되어 있고, 가운데 부분에서 10인치×0.25인치의

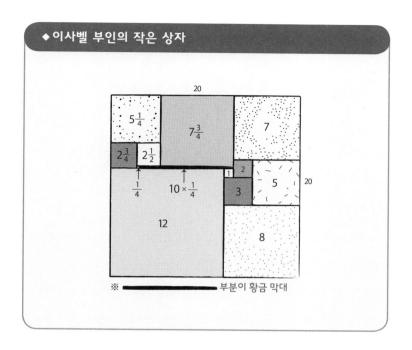

직사각형을 확인할 수 있다.

듀드니는, 이 퍼즐은 '길쭉한 황금 조각'이라는 '제한'이 있기에 풀 수 있는 문제이며, 그런 제한 없이 모든 공간을 서로 다른 크기의 정사각형으로 메우기는 불가능하다고 적었다.

그런데 정말로 '정사각형의 모든 공간을 서로 다른 크기의 정사각형으로 메우기'는 불가능한 것일까? 이 수수께끼에 많은 사람들이 도전했다.

수수께끼에 도전한 수학자들

1903년 독일 태생의 미국 수학자인 막스 덴(Max Wilhelm Dehn, 1878~1952)은 다음과 같은 정리를 증명했다.

"직사각형 변의 길이의 비가 유리수라는 것은 그 직사각형을 정사각형으로 분할하기 위한 필요충분조건이다."

이 정리가 훗날 수수께끼 해결의 커다란 돌파구가 되리라고는 덴 자신도 알지 못했다.

1907년에는 미국의 퍼즐 작가인 샘 로이드(Sam Loyd, 1841~1911)가 다음과 같은 정사각형 분할을 발견했다. 67쪽의 위쪽 그림을 보기 바란다. 다만 '똑같은 크기의 정사각형'이 포함되어 있기 때문에 아직은 '불완전'한 정사각형 분할 정사각형이었다.

그리고 1925년, 폴란드의 수학자 즈비그뉴 모론(Zbigniew Moroń, 1904~1971)은 67쪽의 아래 그림과 같은 '정사각형 분할'을 발표했다.

이것으로 '완전 정사각형 분할'은 성공한 것일까? '모론의 정사각형 분할'은 분명히 정사각형 9개의 크기가 전부 다르다. 그러나 세로의 길이가 32, 가로의 길이가 33이므로 이것은 어디까지나 "완전 정사각형 분할 '직사각형'"이다.

한편 정사각형 분할 분야에서 유명한 일본인이 있다. 'Abe'라는 호칭으로 통하는 아베 미치오(阿部道雄)다. 그는 정사각형의 '완

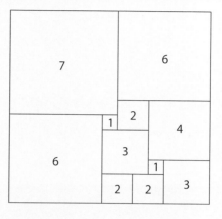

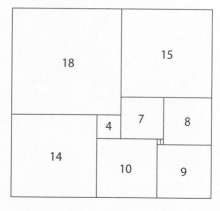

전 정사각형 분할'이 가능한지 불가능한지조차 알지 못했던 1931년에 주목할 만한 연구를 했다. 직사각형을 정사각형으로 분할하려면 '정사각형 9개'가 필요하다는 사실, 그리고 서로 다른 정사각형으로 메울 수 있는 정사각형에 가까운 직사각형이 존재함을 명확히 밝힌 것이다.

그리고 1938년에는 독일의 롤란트 스프라그(Roland Sprague, 1894~1967)가 '복합' 정사각형 분할 정사각형을 발견했다. 이것은

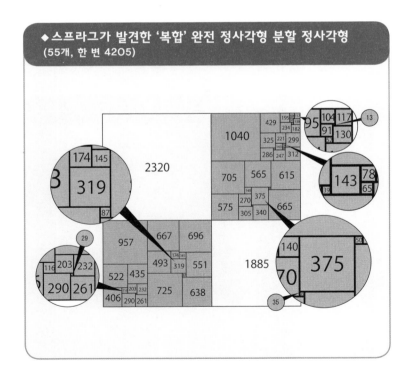

◆스프라그가 발견한 '복합' 완전 정사각형 분할 정사각형
(55개, 한 변 4205)

한 변이 '4205'인 정사각형을 서로 다른 크기의 정사각형 55개로 메운 것이었다. 스프라그의 발견은 그때까지 불가능하다고 여겨졌던 '정사각형을 전부 서로 다른 크기의 정사각형으로 메우는' 데 성공한 기념비적인 첫 사례였다.

그러나 이것은 정사각형 속에서 두 개의 커다란 직사각형을 발견할 수 있는 '복합' 완전 정사각형 분할 정사각형이다. 듀드니가 『캔터베리 퍼즐』의 문제에서 이야기한 '제한'을 완전히는 해결하지 못한 약간은 아쉬운 해답이었다.

 마침내 '단순' 완전 정사각형 분할 정사각형을 발견하다

그리고 1939년, 케임브리지 대학의 롤런드 브룩스 (Rowland L. Brooks, 1916~1993)가 그 '제한'을 해결한 "'단순' 완전 정사각형 분할 정사각형'을 발견했다.

71쪽을 보기 바란다. 한 변이 '4920'인 정사각형을 크기가 서로 다른 정사각형 38개가 메웠다. 스프라그의 그림에서 볼 수 있는 '직사각형'도 없다. 이것을 '단순 완전 정사각형 분할 정사각형(Simple Perfect Squared Square)'이라고 부른다.

이때부터 봇물이 터진 듯이 '단순 완전 정사각형 분할 정사각형'이 속속 발견되었는데, 이러한 약진을 이루어낸 주인공은 브

룩스를 비롯한 케임브리지 대학의 네 학생이었다. 브룩스와 세드릭 스미스(Cedric A. Smith, 1917~2002), 아서 스톤(Arthur H. Stone, 1916~2000), 윌리엄 튜트(William T. Tutte, 1917~2002)는 1903년에 막스 덴이 이룩한 성과를 연구한 끝에 전기회로를 사용해서 문제를 푼다는 획기적인 해결책을 찾아냈다. 정사각형에 '전기'라는 '마법'을 거는 방법을 생각해낸 것이다. 이 '마법'을 통해 그때까지 절망적으로 여겨졌던 '정사각형의 수수께끼'가 갑자기 풀리기 시작했다. 72쪽 위의 그림처럼 그들이 발견해낸 '단순 완전 정사각형 분할 정사각형'은 한 변이 '5468'이며 '55개'의 정사각형으로 메워져 있다.

여기까지 왔으면 이제 남은 문제는 '최소 개수의' 단순 완전 정사각형 분할 정사각형을 찾아내는 것이다. 그들은 전기회로를 사용한 방법으로 72쪽의 아래 그림과 같이 '26개로 분할한 정사각형'도 발견했다. 그리고 1978년에는 네덜란드의 아드리아누스 듀이베스틴(Adrianus J. W. Duijvestijn, 1927~1998)이 73쪽의 그림과 같이 '21개로 분할한 정사각형'을 발견했으며, 그와 동시에 이것이 최소 개수임도 증명했다.

이렇게 해서 1902년에 시작된 '정사각형 분할 정사각형 문제'는 70여 년이라는 세월이 흐른 뒤에 마침내 해결되었다. 듀드니는 『캔터베리 퍼즐』에서 이 문제를 소개하면서 "이것은 'Puzzle'이

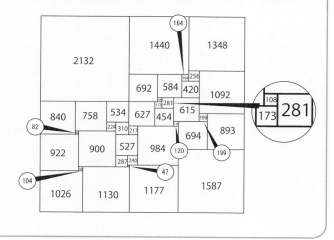

◆ 약진을 이루어낸 케임브리지 대학의 4인조

롤런드 브룩스

세드릭 스미스

아서 스톤

윌리엄 튜트

훌륭한
학생들이네……

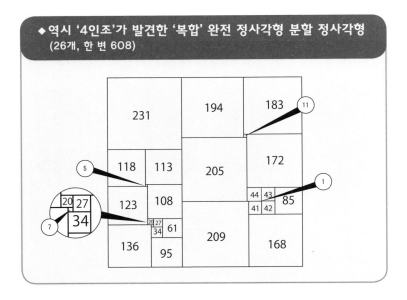

◆ '4인조'가 발견한 단순 완전 정사각형 분할 정사각형
(55개, 한 변 5468)

◆ 역시 '4인조'가 발견한 '복합' 완전 정사각형 분할 정사각형
(26개, 한 변 608)

나 'Problem', 'Enigma' 같은 말로는 표현할 수 없을 만큼 어려운 문제인 'Riddle'이라고 부르기에 손색이 없다."라는 말로 끝을 맺었다. '리들(Riddle)'은 어려운 문제, 풀 수 없는 수수께끼라는 의미다. 정사각형 분할 정사각형은 듀드니의 말처럼 정말로 풀기 어려운 문제, 즉 리들이었다.

'마방진(Magic Square)'과 '정사각형 분할 정사각형(Squared Square)'. 정사각형에 마음을 빼앗긴 이들은 이런 멋진 정사각형을 발견해나갔다. 처음에는 간단한 놀이로 시작했지만 어느새

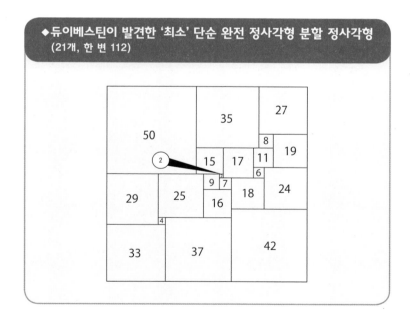

◆듀이베스틴이 발견한 '최소' 단순 완전 정사각형 분할 정사각형
(21개, 한 변 112)

수학의 난문으로 성장한 것이다.

최종 정리에 숨겨진 정사각형의 신비

전 세계의 아마추어와 프로 수학자가 '정사각형 분할 정사각형'에 열광하는 모습은 페르마의 최종 정리를 연상시킨다. 그리고 공교롭게도 페르마의 최종 정리에서 제일 먼저 볼 수 있는 도형은 직각이등변삼각형을 둘러싼 정사각형이다.

우리를 깊은 수학의 세계로 유혹하는 것. 그것은 마성의 도형

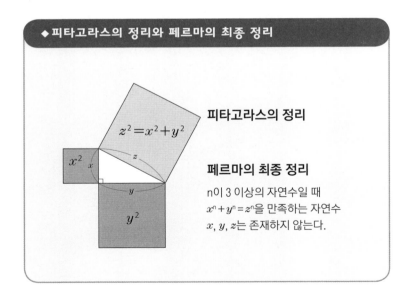

◆피타고라스의 정리와 페르마의 최종 정리

$$z^2 = x^2 + y^2$$

x^2

y^2

피타고라스의 정리

페르마의 최종 정리

n이 3 이상의 자연수일 때
$x^n + y^n = z^n$을 만족하는 자연수
x, y, z는 존재하지 않는다.

정사각형인지도 모른다.

정사각형 분할 마방진

마지막으로 마방진의 초인을 소개하겠다.

듀이베스틴이 발견한 '단순 완전 정사각형 분할 정사각형'은 '112×112'의 정사각형을 정사각형 '21개'로 메운 것이었는데, 이것을 마방진과 연결한 인물이 있다. 또 한 명의 'Abe'인 아베 가쿠호(阿部楽方)로, 그의 본업은 칠공예 장인이다. 그는 정사각형으로 분할된 '21개'의 정사각형 하나하나가 마방진이면서 전체 정사각형도 마방진이 되는 거대한 마방진을 만들어 세계에서 가장 큰 마방진으로 기네스북에 등재되었다. 도저히 지면에 소개할 수 있는 크기가 아닌 것이 안타까울 뿐이다.

아베는 지금까지 수만 개의 마방진을 만들었다. 이 가운데 그가 지인의 결혼식을 축하하기 위해 선물한 마방진 '생년월일이 들어간 우표진(행복의 육각형)'을 소개하려 한다. 이 마방진에는 일본과 외국의 우표 12종류가 붙어 있는데, 화살표를 따라 각각 4장의 액면가를 더하면 합계가 전부 같다. 마방진과 함께 신랑, 신부 두 사람의 행복이 선해질 뿐만 아니라 문제를 푸는 사람의 가슴까지 따뜻해지는 멋진 마방진이다.

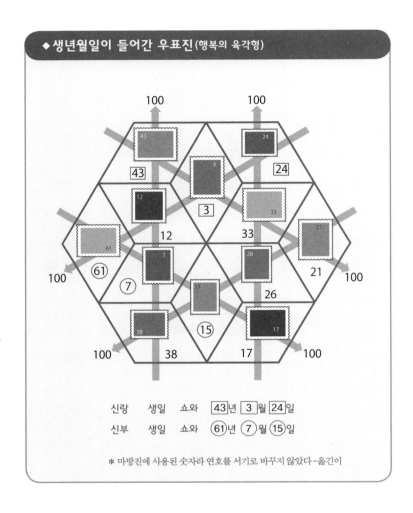

◆ 생년월일이 들어간 우표진(행복의 육각형)

신랑　생일　쇼와　43년　3월　24일
신부　생일　쇼와　61년　7월　15일

＊ 마방진에 사용된 숫자라 연호를 서기로 바꾸지 않았다 - 옮긴이

　놀랍게도 그가 마방진을 만들 때 사용하는 도구는 공책과 연필뿐이라고 한다. 심지어 전자계산기조차 사용하지 않는다. 이런 놀라운 능력의 소유자라니 과연 '수학의 달인'이라 할 만하다.

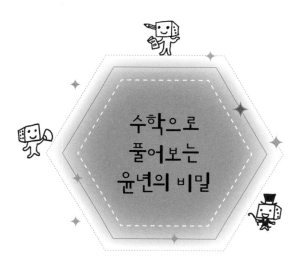

수학으로
풀어보는
윤년의 비밀

윤년을 수학의 눈으로 바라보면?

4년에 한 번 2월 29일이 있는 1년. 여러분도 알겠지만 이 해를 윤년이라고 부른다. 그런데 윤년은 왜 있는 것일까? 달력에 숨겨진 비밀을 수학 계산으로 풀어보도록 하자.

1년은 약 '365일'이다. '약'이라고 쓴 이유는 정확히는 '365.2422일'이기 때문이다. 365일보다 아주 조금, 그러니까 '0.2422일'만큼 길다. '이 정도 오차는 무시해도 되잖아?'라고 생각하는 사람도 있겠지만, 0.2422일을 '초'로 환산하면 하루가 8만 6,400초이므로 $0.2422 \times 86400 = 20926.08$(초)가 된다.

'0.2422일'이 아니라 '약 2만 초'라고 하면 결코 무시할 수 없는 길이라는 생각이 들지 않을까? 매년 약 2만 초가 어긋나면 4년 뒤에는 약 8만 초가 된다. 정확히는 '20926.08×4=83704.32(초)'라는 시간 차이가 생긴다. 그래서 4년마다 하루를 늘려 '366일'로 만듦으로써 '오차'를 줄이고 있는 것이다.

그렇다면 왜 이렇게 오차에 집착하는 것일까? 그 이유는 지구가 태양 주위를 도는 주기(시간)와 달력의 날짜가 어긋나는 문제가 발생하기 때문이다. 생각해보라. 계절은 겨울인데 달력상으로는 여름이라면 혼란스럽지 않겠는가?

✦ 윤년은 4년에 한 번이 아니다

현재 우리가 쓰는 달력은 '그레고리력'이라고 부르는 태양력(太陽曆)으로, 지구가 태양 주위를 도는 주기를 나타낸 달력이다. 1년이 '365.2422일'이라는 것은 지구가 태양을 한 바퀴 도는 시간(공전 주기)이 그렇다는 뜻이다.

그런데 사실은 '4의 배수인 해를 윤년으로 삼는다.'라는 규칙만으로는 시간의 오차를 해결할 수 없다. 그래서 '100의 배수이며 400의 배수가 아닌 해는 윤년으로 삼지 않는다.'라는 규칙이 있다.

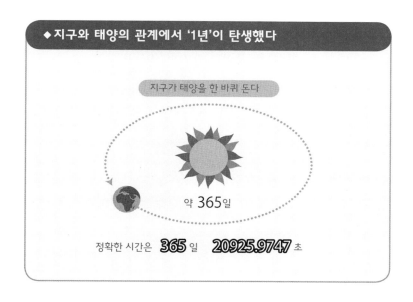

◆ 지구와 태양의 관계에서 '1년'이 탄생했다

지구가 태양을 한 바퀴 돈다

약 365일

정확한 시간은 365 일 20925.9747 초

'밀레니엄 문제'는 윤년 문제이다?

여러분은 1999년에 크게 보도되었던 '밀레니엄 문제'를 기억하는가? 당시의 컴퓨터는 서기의 '4자리' 전부가 아니라 '마지막 2자리'만을 취급했기 때문에 '서기 2000년'을 '서기 1900년'으로 파악하는 문제를 안고 있었다. 그래서 정전과 경제적 혼란, 미사일의 오발사 등 다양한 문제가 일어날 것이라는 주장이 화제가 되었다.

그런데 '밀레니엄 문세'에는 잘 알려진 이러한 이유 외에 또 하나의 프로그램 실수가 있었다. 바로 윤년의 판정이었다. '100

의 배수이고 400의 배수가 아닌 해는 윤년으로 삼지 않는다.'라는 규칙을 프로그램으로 만들면 81쪽의 그림과 같이 된다.

실제로 판정해보자.

2011년의 경우, 단계 1 에서 '2011'은 '4의 배수'가 아니므로 평년으로 결정된다.

2012년의 경우, 단계 1 에서 '2012'는 '4의 배수'이므로 단계 2 로 넘어간다. 그리고 단계 2 에서 '2012'는 '100의 배수'가 아니므로 윤년으로 결정된다.

그러면 '2000년'의 경우는 어떻게 될까? 단계 1 에서 '2000'은 '4의 배수'이므로 단계 2 로 넘어간다. 단계 2 에서 '2000'은 '100의 배수'이므로 단계 3 으로 넘어간다. 단계 3 에서 '2000'은 '400의 배수'이므로 윤년으로 결정된다.

그런데 당시 단계 3 이 없는 윤년 판정 프로그램이 있었다. 그 프로그램에서는 '2000년'이 단계 2 에서 평년으로 판정되어버린다. 이것도 '밀레니엄 문제'였다.

요컨대 '2000년'은 윤년, '2100년', '2200년', '2300년'은 평년, '2400년'은 윤년이 된다. 이 규칙이 과연 달력을 얼마나 정확하게 만드는지 계산으로 확인해보자.

'4의 배수인 해'가 전부 윤년이 된다고 가정하면 '서기 1년'부터 '서기 400년'까지 윤년이 100회 찾아온다. 그런데 앞에서 소

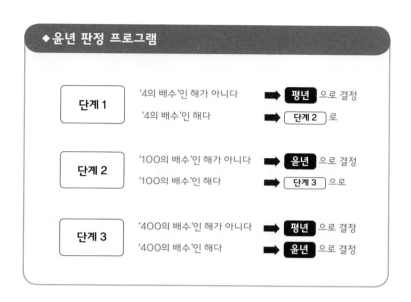

◆윤년 판정 프로그램

| 단계 1 | '4의 배수'인 해가 아니다 ➡ 평년 으로 결정 |
| | '4의 배수'인 해다 ➡ 단계 2 로 |

| 단계 2 | '100의 배수'인 해가 아니다 ➡ 윤년 으로 결정 |
| | '100의 배수'인 해다 ➡ 단계 3 으로 |

| 단계 3 | '400의 배수'인 해가 아니다 ➡ 평년 으로 결정 |
| | '400의 배수'인 해다 ➡ 윤년 으로 결정 |

개한 단계 2 , 단계 3 이 있으면 '서기 100년'과 '서기 200년', '서기 300년'은 평년이 되고 '서기 400년'은 윤년이 되므로 윤년은 합계 97회가 된다.

그러면 400년간의 정확한 일수를 계산해보자. '366일'인 윤년이 97회이고 나머지 303회는 '365일'인 평년이므로 '366×97+365×303=146097(일)'이 된다. 그러면 1년의 평균 일수는 '146097÷400=365.2425(일)'이 된다. 이것은 우리가 알고 있는 1년의 평균 일수 365.2422와 거의 차이가 없는 수치다. 즉 1년에 '365.2425-365.2422=0.0003(일)'의 오차밖에 나지 않는다. 이 말

◆ 이렇게 되면 큰 문제가 생긴다!
   단계 3이 없는 윤년 판정 프로그램(결함)

| 단계 1 | '4의 배수'인 해가 아니다 ➡ **평년** 으로 결정 |
| | '4의 배수'인 해다 ➡ 단계 2 로 |

| 단계 2 | '100의 배수'인 해가 아니다 ➡ **윤년** 으로 결정 |
| | '100의 배수'인 해다 ➡ **평년** 으로 결정 |

◆ 그레고리력의 놀라운 정확성!

규칙 1 '4의 배수'인 해가 아니다 **윤년** 으로 결정

규칙 2 '100의 배수'이고 '400의 배수가 아닌' 해라면 **평년**

'100의 배수'이며 '400의 배수인' 해라면 **윤년**

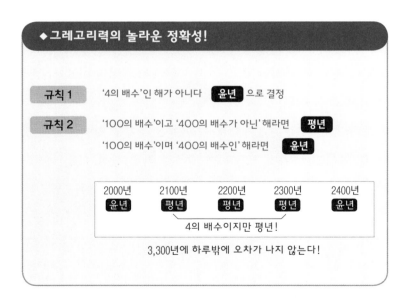

| 2000년 | 2100년 | 2200년 | 2300년 | 2400년 |
| **윤년** | 평년 | 평년 | 평년 | **윤년** |

4의 배수이지만 평년!

3,300년에 하루밖에 오차가 나지 않는다!

은 '0.0003×3300=0.99', 즉 '3,300년'에 약 하루의 오차가 생긴 다는 의미다.

이와 같이 우리가 지금 사용하고 있는 '그레고리력'은 3,300 년에 하루의 오차밖에 나지 않는 매우 정확한 달력이다.

✦ 1초를 더하는 '윤초'

시간의 기준은 어디까지나 우주를 운행하는 태양과 지구의 움직임이다. 우리는 그 운행의 정확성을 나타내는 달력을 만들어왔다. 그리고 오늘날의 과학은 지구의 자전을 정밀하게 관측할 수 있을 만큼 진보했는데, 그 결과 탄생한 것이 '윤초'다. 현재는 오차가 '3,000만 년에 1초'밖에 나지 않는 '원자시계'가 지구의 시간을 나타내고 있는데, 지구의 자전은 일정한 것이 아니라 빨라졌다 느려졌다 하기 때문에 원자시계와 지구 자전의 오차를 보정해야 한다. 그래서 윤초를 만들어 '24시간'에 '1초'를 더하거나 빼고 있다.

윤초는 '23시 59분 59초'의 '1초' 뒤에 실행된다. 즉, 일반적으로는 존재하지 않는 '23시 59분 60초'가 추가된다. 평소보다 1초가 긴 하루라니, 왠지 신기한 기분이 든다.

생각해보면 시간의 단위인 '초'는 처음에 '지구가 자전하는 시간(86,400초)'을 기준으로 정해졌다. 그러나 이후 지구 자전의 불안정성을 감안해 '지구가 태양을 한 바퀴 도는 시간(1년=3,155만 6,925.9747초)'으로 기준이 변경되었다.

그리고 더 정확한 시간을 추구한 우리 인류는 마침내 '원자시계'라는 궁극의 시계를 손에 넣을 만큼 발전했다. 원자가 방출(또는 흡수)하는 빛의 색(파장)은 안정적이다. 원자시계는 이 성질을 이용한 것으로, 세슘 원자를 사용한 세슘 원자시계에 이르러서는 오차가 1억 년에 1초 정도로 정확도가 매우 높다. 그 덕분에 현재는 지구의 자전을 매우 정확히 관측할 수 있게 되어 윤초를 실시하고 있다. 지구의 자전에서 탄생한 '초'가 다시 고향인 지구의 자전으로 돌아간 셈이다.

앞으로도 우리는 '시간'을 지켜보며 성장할 것이다. 이 지구 위에서 세심한 주의를 기울이면서. 그리고 언젠가는 아직 본 적이 없는 더 정확하고 새로운 '시간'과 조우할지도 모른다.

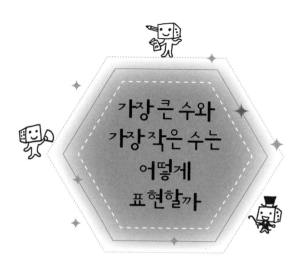

가장 큰 수와
가장 작은 수는
어떻게
표현할까

수사는 어디에서 유래했을까

Q. 억은 왜 '억(億)'일까?

일, 십, 백, 천, 만, 억, 조, 경, ······.

우리는 수를 셀 때 당연하다는 듯이 이렇게 읽는다. 그런데 어떻게 해서 수를 셀 때 이런 말을 사용하게 되었을까? 수사(數詞)의 유래를 깊게 파고들면 시대에 따라 수를 어떻게 생각해왔는지 알 수 있다.

먼 옛날, 수가 일(1)과 이(2)밖에 없었던 시절에 그보다 많은 수를 나타내는 말이 삼(3)이었다. 오늘날처럼 '억'이나 '조' 같은 큰 수가 보급되기까지 사람들은 직은 수만을 사용하며 살아왔다. 삼 이외에도 사, 팔, 백, 천, 만이 '전부'를 나타내는 말이었으며, 지금도 그 흔적이 남아 있다.

사해(온 천하, 세계), 사방(여러 곳).

팔면영롱(어느 방향에서 봐도 티끌 하나 없이 맑음), 팔방미인.

백과사전, 백화점.

천리안, 천객만래, 천언만어, 천사만고.

만엽집(万葉集, 온갖 노래를 모은 책이라는 뜻의 고대 일본 가집歌集−옮긴이), 만년필……

그러면 퀴즈를 하나 더 내겠다.

Q. **팔백팔정(八百八町)이 88킬로미터인 이유는 무엇일까?**

팔백팔정은 88킬로미터를 뜻하는데, 이 말은 원래 일본 에도 시대에 '정(町)이 많다.'라는 의미의 말이었다. 우리나라의 척(尺), 보(步), 치(1척의 10분의 1) 등처럼 1정은 일본이 '미터 조약'에 가입하기 전에 사용했던 길이 단위다. '1정=약 109.09미터'이므로 '808정=808×약 109.09미터=약 88144.72미터=약 88킬로미

터'가 된다.

일본의 경우 메이지 시대에는 '미터'를 '米'로 표기했으며, 그 밖에도 '킬로미터'는 '천(千)미터'이므로 '粁'이라는 한자로 표기했다.

◆ 단위를 한자로 나타내면……

밀리미터(mm)	➡	粍(1모(毛)=1000분의 1)
센티미터(cm)	➡	糎(1리(厘)=100분의 1)
데시미터(dm)	➡	粉(1분(分)=10분의 1)
데카미터(dam)	➡	籵(데카=10배)
헥토미터(hm)	➡	粨(헥토=100배)
킬로미터(km)	➡	粁(킬로=1000배)

＊ 여기에 표기된 단위는 일본에서만 사용하는 단위로 일반적인 한자어 표기와는 다르다 ―옮긴이

중국 고전에 기록되어 있는 수 단위들

뒤 170쪽의 '미터와 킬로그램은 어떻게 탄생했을까'에서도 소개하겠지만, 동양에는 '일(一), 십(十), 백(百), 천(千), 만(萬), 억

(億), 조(兆), 경(京), 해(垓), 자(秭), 양(壤), 구(溝), 간(澗), 정(正), 재(載), 극(極), 항하사(恒河沙), 아승기(阿僧祇), 나유타(那由他), 불가사의(不可思議), 무량대수(無量大數)'라는 단위가 있다. 이 가운데 '재'에 주목하기 바란다. '1천 년에 한 번밖에 오지 않는 기회'라는 의미를 지닌 '천재일우(千載一遇)'에도 나오는 이 '재'는 무려 '10의 44제곱'을 나타내는 단위다. 중국의 『손자산경(孫子算經)』에 나오는 가장 큰 단위로, 수가 커져서 대지에 '올릴 수 없을 만큼 큰 수'라는 뜻이다.

그리고 '극'은 말 그대로 '수의 극한(이 이상은 없음)'이라는 의미이며, '항하사'는 '항하', 즉 갠지스 강의 '모래알(沙)'의 수다. 또 '아승기', '나유타', '불가사의'에 이은 '무량대수'의 '무량'은 불전인 『화엄경(華嚴經)』에 나온다. 『화엄경』에서는 '10^7'을 '구저(俱胝)'라고 하고, '1구저×1구저=1아유다(阿庾多)(10^{14})', '1아유다×1아유다=1나유타(10^{28})'와 같이 새로운 단위를 만들어나간다. 단위가 올라갈수록 지수 부분, 즉 '1'의 뒤에 붙는 '0'의 개수가 지수 함수적으로 늘어나는데, 『화엄경』에 나오는 가장 큰 단위인 불가설불가설전(不可說不可說轉)'에 비하면 '무량대수'는 아주 작은 수임을 알 수 있다.

참고로 위의 단위에서 '구'와 '간'은 변에 '氵(삼수)'가 있기 때문에 '물의 양'을 나타내고, '자'와 '양'은 곡물의 '알갱이 수'를 나타내며, '조'와 '경', '해'는 도시의 '인구'를 나타내는 것이 아니냐는

◆『화엄경』에 나오는 숫자의 단위

0	$10^{7 \times 2^0} = 10^7$	구저(俱胝)
1	$10^{(7 \times 2)} = 10^{14}$	아유다(阿庾多)
2	$10^{(7 \times 2^2)} = 10^{28}$	나유타(那由他)
n	$10^{(7 \times 2^n)}$	
103	$10^{(7 \times 2^{103})} = 10^{7098843361278084648381537950 1056}$	아승기(阿僧祇)
105	$10^{(7 \times 2^{105})} = 10^{2839537344511233859352615180 04224}$	무량(無量)
111	$10^{(7 \times 2^{111})} = 10^{1817303900487189669985673715 2270336}$	불가수(不可数)
115	$10^{(7 \times 2^{115})} = 10^{2907686240779503471977077944 36325376}$	불가사(不可思)
117	$10^{(7 \times 2^{117})} = 10^{1163074496311801388790831177 745301504}$	불가량(不可量)
119	$10^{(7 \times 2^{119})} = 10^{4652297985247205555163324710 981206016}$	불가설(不可説)
121	$10^{(7 \times 2^{121})} = 10^{1860919194098882220653298843 924824064}$	불가설불가설 (不可説不可説)
122	$10^{(7 \times 2^{122})} = 10^{3721838388197764444130659768 7849648128}$	불가설불가설전 (不可説不可説転)

* 이 표의 수사는 이미 출판된 수학사책에서 본 전통적인 우리나라 수사들과 다르다. 이유는 한국의 수사는 조선시대 수학책인 『산학계몽』에서 인용한 것인데, 『산학계몽』이 인도의 자료를 참고하여 정리한 것이다. 한편 이 책의 저자는 또 다른 인도의 책에서 인용했기 때문에 수사가 다른 것이다. 175쪽의 수사는 이 표와 다르며, 현재 우리가 알고 있는 수사와 같다. 여기서 독자들이 알아야 할 것은 이처럼 고대인들이 무한히 큰 수와 작은 수를 확장했다는 사실이 중요하다. - 감수자

설이 있다.

그러면 이번에는 작은 단위도 살펴보자. 90쪽의 표를 보기 바란다. 대부분은 불교 경전에서 나온 말이다. 15세기 중국의 수학책인 『산법통종(算法統宗)』을 보면 가장 작은 단위는 '진(塵)'까지이

◆한자로 나타내는 작은 단위

일(一)	1			
분(分)	0.1	0이 1개		
리(厘)	0.01	0이 2개		
모(毛)	0.001	0이 3개	m(밀리)	
사(絲)	0.0001	0이 4개		
홀(忽)	0.00001	0이 5개		갑자기
미(微)	0.000001	0이 6개	μ (마이크로)	작은
섬(纖)	0.0000001	0이 7개		가는
사(沙)	0.00000001	0이 8개		모래
진(塵)	0.000000001	0이 9개	n(나노)	먼지
애(埃)	0.0000000001	0이 10개		티끌
묘(渺)	0.00000000001	0이 11개		아득함
막(漠)	0.000000000001	0이 12개	p(피코)	어렴풋함
모호(模糊)	0.0000000000001	0이 13개		모모함
준순(逡巡)	0.00000000000001	0이 14개		우물쭈물
수유(須臾)	0.000000000000001	0이 15개	f(펨토)	짧은 시간
순식(瞬息)	0.0000000000000001	0이 16개		눈을 한 번 깜빡이고 숨을 쉬는 짧은 시간
탄지(彈指)	0.00000000000000001	0이 17개		매우 짧은 시간
찰나(刹那)	0.000000000000000001	0이 18개	α(아토)	시간의 최소 단위. 순간
육덕(六德)	0.0000000000000000001	0이 19개		사람이 지켜야 할 여섯 가지 덕목
허공(虛空)	0.00000000000000000001	0이 20개		모든 것이 존재하는 장소로서의 공간
청정(淸淨)	0.000000000000000000001	0이 21개	z(젭토)	마음이 맑음

며 그보다 작은 단위는 '유명무실', 즉 '단위로서는 존재하지만 사용할 기회는 없을 것이다.'라고 생각했던 듯하다.

그러나 오늘날에는 기술의 진보로 '나노(n)', 즉 '진'의 시대가 되었고, 최첨단 기술은 그보다 더 작은 '애(埃)', '묘(渺)', '막(漠)'의 영역을 넘어 '마이크로'의 세계로 돌입했다.

상상력이야말로 우리 인간의 가장 큰 무기다. 인간은 너무나도 거대한 수나 너무나도 작은 수, 즉 '다룰 수 없는 수'를 눈앞에 뒀을 때 비로소 '수 그 자체'를 생각할 수 있다. 고대 인도나 고대 중국의 사람들은 처음부터 숫자가 아니라 수를 상대해왔음을 알 수 있다.

마지막으로 앞에서 낸 '억은 왜 '억'일까?'라는 퀴즈의 답을 발표하겠다.

A. '億' = '人' + '意' = '人' + '音(입을 다물다)' + '心'

즉 '억'은 '입을 다물고 마음속에서 최대한 생각해야 할 만큼 큰 수'라는 뜻이다.

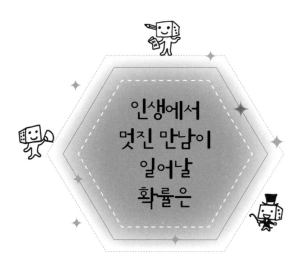

인생에서
멋진 만남이
일어날
확률은

인생의 진짜 확률은 60대 40

흔히 "인생은 50 대 50"이라고 말한다. 인생을 종합적으로 바라보면 '좋은 일과 나쁜 일이 반반씩 일어난다.'는 뜻이다. 사람들에게 "정말 그럴까요?"라고 물어보면 십인십색의 인생이므로 아마도 저마다 다른 대답을 하지 않을까 싶다.

그러면 지금부터 한 수학 문제를 통해 인생의 진짜 확률이 '반드시 50 대 50은 아님'을 보여주고자 한다. '만남의 문제'라는 것인데, 1708년에 프랑스의 피에르 몽모르(Pierre Rémond de Montmort, 1678~1719)가 제기한 문제다.

A와 B라는 두 사람이 트럼프를 에이스부터 킹까지 13장씩 가지고 책상 위에 한 장씩 내놓으면서 '짝 맞추기'를 한다.

같은 숫자의 카드가 동시에 나오면 '만남'이 일어난 것으로 간주한다.

그렇다면 13장을 전부 내놓았을 때 '만남이 한 번도 일어나지 않을 확률'은 얼마일까? 또 일반적으로 카드의 장수를 'n장'이라고 했을 때의 확률은 어떻게 될까?

오일러가 알아낸 해답

몽모르가 문제를 낸 지 30여 년이 흐른 1740년경, 스위스의 수학자 레온하르트 오일러(Leonhard Euler, 1707~1783)가 이 문제를 푸는 데 성공했다. 오일러의 계산 결과 '만남이 한 번도 일어나지 않을' 확률은 약 37퍼센트라는 답이 나왔다. 트럼프의 장수 n을 늘리더라도 확률은 'n'의 값과 상관없이 약 37퍼센트라는 놀라운 결론이었다.

이것은 A의 카드 '1'에 B의 '1' 이외의 카드가 대응하고 A의 카드 '2'에는 B의 '2' 이외의 카드가 대응하는 식으로 일치하지 않게 대응하는 모든 순열의 수를 구해보면 알 수 있다. 가령 카드가 세 장일 경우, A의 (1, 2, 3)에 대해 B는 (2, 3, 1), (3, 1, 2)여야 한다.

즉, B의 카드 3장이 나열되는 가짓수는 전부 6가지이므로 만남이 한 번도 일어나지 않을 확률은 '$\frac{2}{6} = \frac{1}{3}$', 즉 약 33퍼센트가된다. 이것이 13장이 되면 약 37퍼센트가 되며, 130장으로 늘리더라도 약 37퍼센트로 거의 차이가 없다는 것이다.

만남이 한 번도 일어나지 않을 경우의 반대는 '적어도 한 번은만남이 일어날 경우'다. '적어도 한 번은 만남이 일어날 경우'에는딱 한 번 만나는 경우부터 13회 전부 만나는 경우까지 포함되는데, 그 확률은 '1-약 0.37=약 0.63'이므로 '약 63퍼센트'가 된다.

체크 포인트를 하나라도 만족시킬 확률은 63퍼센트

그런데 이 확률이 인생과 무슨 관계가 있는 것일까? 그것은 바로 '사람과 사람의 만남'을 생각할 때 이 확률을 적용할 수있기 때문이다. 인생은 만남의 연속이다. 그중에서도 인생의 동반자가 될 이성과의 만남은 중요한 문제다. 여기에 '만남의 문제'를 적용해보자.

우리는 어떤 낯선 이성을 만났을 때 그 사람과 '교제'를 해도좋을지 어떨지 판단하게 된다. 여기에는 몇 가지 체크 포인트가있을 것이다. 가령 첫째 키, 둘째 소득, 셋째 외모, 넷째 취미, 다섯째 음식의 기호 등등. 또 나아가 결혼까지 생각한다면 체크 포인트는 더 늘어난다. 어쨌든 이런 체크 포인트를 결정한 다음 그 것을 전부 만족시켜야 그 상대와 사귄다거나 한 가지라도 만족시키면 사귈 수도 있다는 기준을 정할 것이다.

그렇다면 오일러의 결론은 다음과 같이 적용된다. 만난 사람 중에서 '체크 포인트를 하나도 만족시키지 못하는 사람'을 만날 확률은 약 37퍼센트이며, '적어도 한 가지는 만족시키는 사람'을 만날 확률은 약 63퍼센트다. 그리고 이것이 중요한데, 체크 포인트가 아무리 많더라도 그 확률은 거의 변하지 않는다. 요컨대 10 명과 선을 볼 경우 사귈 만한 사람을 약 6명은 만날 것이다. 여러분이 아무리 이것저것 엄격하게 따지더라도 말이다.

또 이 확률은 남녀의 만남뿐만 아니라 우리의 일상생활에도 적용된다. 나는 전기 제품을 고를 때 상품 카탈로그를 잔뜩 모아놓고 내가 정한 체크 포인트를 가장 만족시키는 제품을 열심히 고른다. 그러나 결국은 그런 제품을 찾지 못하고 그냥 맨 처음에 괜찮다고 생각했던 상품으로 결정하는 일이 종종 있어서 쓸데없이 시간만 허비했다는 생각에 우울해지곤 한다. 그에 비해 여성이 쇼핑을 하는 모습을 보면 남성의 눈에는 충동구매로 비쳐질 만큼 순식간에 물건을 고른다. 게다가 물건을 사놓고 후회하는 일도 드물어 보인다.

나는 여성들이 어떻게 그렇게 금방 결정할 수 있는지 궁금했는데, 오일러의 계산 결과를 보자 커다란 힌트를 얻은 것 같았다. 어쩌면 여성들은 물건을 고를 때 그렇게 많은 것을 따질 필요가 없음을, 그리고 이것만큼은 절대 양보할 수 없는 체크 포인트가 무엇인지를 경험적으로 알고 있는지도 모른다. 체크 포인트가 3개라고 해도 그것을 전부 만족시키지 못할 확률은 '약 33퍼센트'이며, 체크 포인트가 더 늘어나더라도 그 확률은 결국 '약 37퍼센트'에 불과하기 때문이다.

 살다 보면 행운과 만나게 되어 있다

남녀의 만남이나 쇼핑만이 선택을 해야 하는 대상은 아니다. 우리는 맞닥뜨린 모든 것에 대해 '선택'이라는 행동을 한다. 그 모든 선택에 '약 37퍼센트'의 확률이 적용된다면 '인생은 살 만한 것이야.'라는 결론이 나오지 않을까? 신은 누구에게나 멋진 만남이 일어날 가능성을 '50퍼센트 이상' 준 것이다. 이것이야말로 신의 선물인지도 모른다.

참고로 이 확률은 신이라고 해도 건드리지 못한다. 오일러의 계산에 따르면 만남이 한 번도 일어나지 않을 확률은 n을 무한대로 늘렸을 때 '$\frac{1}{e} = \frac{1}{2.718\cdots} = 0.367\cdots = 약 37퍼센트에 수렴$'하기 때문이다. 참고로 이 '네이피어 수 e(=2.718…)'를 발견한 사람이 바로 오일러다. 그래서 오일러(euler)의 머리글자를 따서 'e'라고 표시하는 것이다. 네이피어 수 'e'는 미분 적분을 설명하는 중요한 정수인데, 체크 포인트를 적어도 하나는 만족시킬 확률 '$\frac{1}{e}$ = 1-0.367··· = 약 63퍼센트'가 우리에게는 더 친숙한 존재라고 할 수 있다.

이제 '인생은 50 대 50'이라는 말은 그만하자. 행운의 확률은 50퍼센트가 아니라 약 63퍼센트였다. 지금부터 '인생은 60 대 40'이라고 생각하며 살아도 되지 않을까?

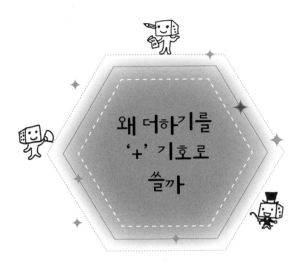

왜 더하기를 '+' 기호로 쓸까

✦ 사칙연산 기호의 유래

우리에게 너무나도 친숙한 '+' '−' '×' '÷' 기호. 지극히 당연하게 사용하고 있는 이른바 '사칙연산'의 기호인데, 왜 더하기의 기호로 '+'를 쓰게 되었을까?

지금부터 그 이유를 소개하겠다.

✚ 이야기

'+'는 1489년에 독일의 요하네스 비드만(Johannes Widmann,

1460~1498)이 쓴 책에서 처음 사용되었다. 다만 이 책에 나온 '+'
는 연산 기호가 아닌 '초과'의 의미였다. 그리고 덧셈에는 라틴
어인 'et(영어의 and)'를 사용해서, '3에 5를 더한다.'를 '3 et 5'로
표시했다.

'+'라는 기호 자체는 'et'의 필기체가 뭉개져서 't'가 되었다가
다시 '+'가 되었다는 설이 있다. 덧셈 연산 기호로서 '+'가 처음
등장한 것은 1514년에 네덜란드의 판 데르 후커(Gielis van der
Hoecke)가 쓴 산술책에 사용되면서부터라고 한다.

 이야기

'+'와 마찬가지로 '-'도 비드만의 책에 등장했다. 그 책에서 '-'
는 '부족'이라는 의미였고, 뺄셈에는 라틴어인 'de'가 사용되었
다. 즉, '5에서 3을 뺀다.'는 '5 de 3'이라고 표시했다. 여기에서
'de'는 'demptus(제거한다)'의 머리글자다.

그렇다면 기호 '-'는 무엇에서 유래했을까? 원래 서양에서는
'plus(플러스)', 'minus(마이너스)'의 머리글자인 'p', 'm'을 이용해서
'4 p̃ 3', '5 m̃ 2'라고 표기하는 방식이 보급되어 있었다고 한다.
그래서 '-'는 'm̃'의 '~'이 변형된 것이라는 설이 있다. 그리고
'+'와 마찬가지로 1514년에 네덜란드의 후커가 쓴 책에서 연산

기호로서 '-'가 처음으로 등장한 것으로 알려져 있다.

 이야기

1631년에 영국의 윌리엄 오트레드(William Oughtred, 1574~1660)가 수학 교과서로 이름 높은 『수학의 열쇠(Clavis Mathematicae)』에서 처음으로 '×'를 사용했다. 그러면 오트레드가 '×'를 사용하기까지의 과정을 추적해보자.

1600년경에는 영국의 에드워드 라이트(Edward Wright, 1561~1615)가 알파벳 'X'를 사용했다. 이것은 102쪽 위의 그림처럼 중세의 곱셈법인 '대각선 계산법'을 사용할 때 그려지는 선의 원형(原形)으로 생각된다. 참고로 에드워드 라이트는 로그에 관한 네이피어의 책을 영어로 번역한 수학자로도 유명하다.

그리고 16세기에는 독일의 페트루스 아피아누스(Petrus Apianus, 1495~1552)라는 수학자의 저서에 나오는 분수 계산을 암기하기 위한 도표에 '선으로 묶인 두 수를 곱한다.'라는 규칙이 있었다. 이것은 102쪽의 아래 그림과 같이 연산별로 다른 분수의 계산방법을 쉽게 기억하기 위한 것이었다.

사실 곱셈에는 연산기호가 필요 없다. 가령 문자끼리의 곱셈 '$x \times y$'는 그냥 'xy'라고 쓰면 된다. 그리고 숫자끼리의 곱셈 기호로는 '×'보다 먼저 '·'이 사용되고 있었다. 이것은 15세기 초엽에 이탈리아에서 사용하기 시작한 기호로, '3·5'는 '3×5'를 의미한다. '숫자·숫자'로 표기해도 헷갈릴 일이 없으니 굳이 새로운 연산기호를 궁리할 필요는 없었다. 그리고 이후 '·'은 곱셈, ',(콤마)'는 소수점의 기호로 구별해서 사용하게 되었다.

그렇다면 왜 그후에 '×'가 발명되었을까? 그 실마리는 분수에 있다. 재미있게도 분수의 사칙연산 중 '덧셈(+)', '뺄셈(-)', '나눗셈(÷)'은 대각선으로 '곱셈(×)'을 해야 한다. 그러나 분수의 '곱셈(×)'만은 대각선으로 계산할 필요가 없다. 그렇게 생각하면 곱셈 기호 '×'의 기원은 분수의 사칙연산에서 나타나는 '대각선의 교차'였는지도 모른다. 오트레드는 이런 경험을 바탕으로 '×'를 곱셈 기호로 삼았던 것이 아닐까 싶다.

그러나 시작이 알파벳 'X'였기 때문에 새로운 기호 '×'는 혼동을 일으키기 쉽다는 판단에서 그다지 쓰이지 못했다. 현재도 곱셈 기호로는 '×'와 '·', 그리고 문자식의 경우 '기호 없음'의 세 종류를 상황에 따라 사용하고 있다.

 이야기

'÷'은 그 기원이 정확히 알려져 있지 않다. 독일의 아담 리스

◆ ×의 유래는 대각선 계산법?(28×47의 계산)

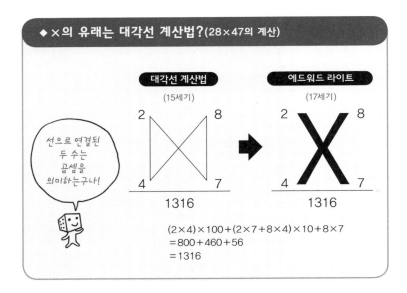

$(2×4)×100+(2×7+8×4)×10+8×7$
$=800+460+56$
$=1316$

◆ 분수의 사칙연산에서 곱셈이 탄생했다?

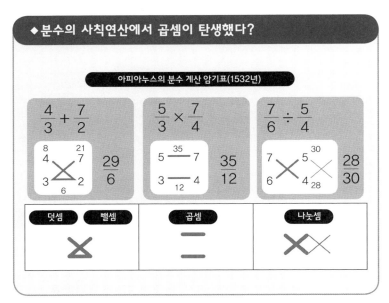

(Adam Ries, 1492~1559)는 1522년에 자신의 저서에서, 스위스의 하인리히 란(Johann Heinrich Rahn, 1622~1676)은 1659년에 자신의 저서에서 '÷'를 사용했다. 그리고 영국에서는 존 월리스(John Wallis, 1616~1703)와 아이작 뉴턴(Isaac Newton, 1643~1727)이 17세기부터 18세기에 걸쳐 사용한 덕분에 '÷'의 기호가 점점 널리 쓰이게 되었다.

한편 독일에서는 고트프리트 라이프니츠(Gottfried Wilhelm Leibniz, 1646~1716)가 사용하기 시작한 ':'가 나눗셈 기호로 널리 확산되었다. 라이프니츠는 곱셈 기호로 점 하나인 '·'를, 나눗셈 기호로 점 두 개인 ':'를 사용했다. 예를 들면 '6:2=3'과 같은 식이다. 이렇게 해서 영국에서는 '×'와 '÷'가, 독일을 비롯한 대륙에서는 '·'과 ':'가 주류가 되었다. 왜 기호가 통일되지 않은 것일까?

그 원인은 영국의 뉴턴과 독일의 라이프니츠 사이에서 벌어진 '미적분 대논쟁'에 있었다. 두 사람은 서로 다른 접근법을 통해 '미적분'을 발견했는데, 이 위대한 두 인물과 그들의 지지자들 사이에서 대논쟁이 벌어졌다. 그 결과 수학자들끼리도 사이가 나빠져 기호가 통일되지 않은 것이다. 시작은 기호 이야기였는데 어쩌다 보니 사람 냄새가 물씬 풍기는 이야기가 되어버린 기분이 든다.

어쨌든 그런 대논쟁과 관계가 없는 나라에서는 '÷'와 ' : '를 모두 사용하고 있다. 다만 '6:2=3'과 같은 방식으로는 사용하지 않는다. ' : '은 비(比)를 나타내며, a : b는 'a 대 b'라고 읽는다. 그리고 '6:2=3:1'과 '6÷2=3÷1=3'으로 구분해서 사용한다.

Part 2

일단 읽기 시작하면 멈출 수 없는
수학 이야기

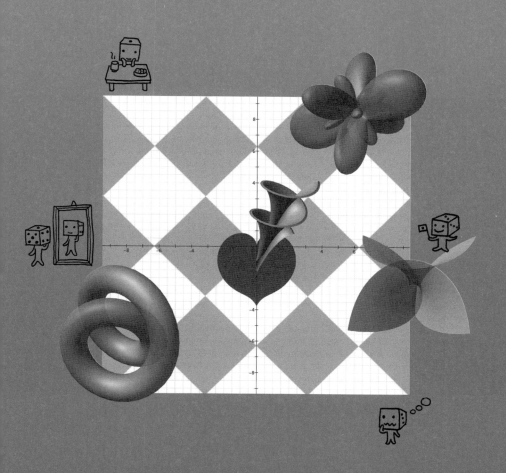

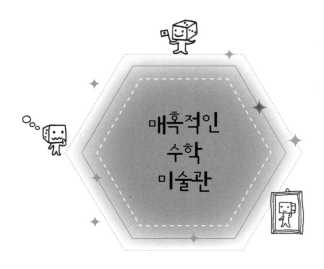

매혹적인 수학 미술관

수식이 그래프로 변신

중학교나 고등학교 수학 시간에 함수의 그래프를 그렸던 것을 기억하는 사람이 많을 텐데, 교과서에 나오는 함수 그래프는 하나같이 단조로운 것들이었다. 그러나 지금부터 소개할 그래프는 다르다. 최신 수식 처리 시스템은 편리한 사용자 환경을 제공하며, 매끄럽고 예쁘게 채색된 2차 원 또는 3차원 그래프를 우리에게 보여준다. 시중에는 다양한 수학 소프트웨어가 나와 있는데, 나는 그중에서도 '그래핑 캘큘레이터(Graphing Calculator)'를 좋아한다. 이 책이 컬러가 아니라는 점은 아쉽지만, 순수하게 그래프의 형태를 감상하는 것만으로도 도저히 화면에서 눈을 뗄 수가 없을 것이다. 아울러 그 그래프의 설계도를 들여다보면 무생물로 생각하기 쉬운 수식들이 '이렇게 아름다운 모양을 표현하는구나!'라는 놀라움과 함께 멋진 존재로 보이기 시작할지도 모른다.

"수학 미술관에 오신 것을 환영합니다"

108쪽의 '수학 미술관①'을 보기 바란다. 이것은 '디니 곡면(Dini Surface)'이라고 부르는 곡면이다. 이제 이 곡면의 특징을 설명할 텐데, 다소 귀에 익지 않은 단어들이 연속해서 나오더라도 당황하지 말기 바란다.

디니 곡면은 '다층의구(多層擬球)'를 끌어냈을 때 생기는 곡면이다. '의구(擬球, Pseudo-sphere)'는 '구'와 비슷하다는 의미다. 그렇다면 어디가 구와 비슷하다는 것일까? 구는 원을 회전시켰을 때 생기는 곡면인데, 의구는 추적선(tractrix)이라는 곡선을 회전시켰을 때 생기는 곡면이다. 예를 들어 길이가 일정한 끈으로 개를 묶고 잡아당겼을 때 개가 지나간 자리가 추적선이다. 예시로 개가 나와서 견추선 또는 견곡선이라고도 부르는 것 같다.

이어서 '수학 미술관②'는 음양도(陰陽道)의 태극도(太極圖)를 부

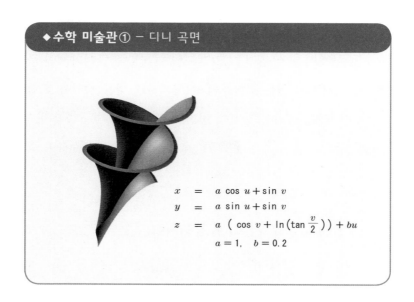

$$x = a\cos u + \sin v$$
$$y = a\sin u + \sin v$$
$$z = a\left(\cos v + \ln\left(\tan\frac{v}{2}\right)\right) + bu$$
$$a = 1, \quad b = 0.2$$

등식으로 나타낸 것이다. 수식을 잘 보면 일반적인 'x, y 좌표'가 아니라 'r과 θ'가 사용되었음을 알 수 있다. 이것을 '극좌표'라고 한다. 점의 위치를 나타낼 때 점과 원점 사이의 거리 r, 그리고 원점에서 점을 연결한 선과 x축이 이루는 각 θ를 사용한 좌표다.

그래프를 좌우로 크게 양분시킨 수식은 $(\cos(\theta-r)-\sin\theta)+(0.62r)^{1000}$이며, 그 속에 있는 작은 원을 그린 수식은 $(r^4-2r^2\cos(2\theta+2.4)+0.9)$다. '삼각 함수 $\sin\theta$', '$\cos\theta$'가 있기 때문에 곡선이 그려진 것이다.

그러면 지금부터는 '수학 미술관③'부터 '수학 미술관⑥'까지

$$(\cos(\theta - r) - \sin\theta)(r^4 - 2r^2\cos(2\theta + 2.4) + 0.9) + (0.62r)^{1000} < 0$$

한꺼번에 소개하겠다.

'수학 미술관③'은 내가 좋아하는 그래프로, 방정식의 해를 3차원 공간의 점으로 표시한 것이다. 수식에는 'x, y, z'가 있다. 그러므로 이 방정식을 만족하는 해 'x, y, z'를 '점(x, y, z)'으로 그리면 3차원 그림이 완성된다. 다만 설명은 이렇게 해도 수식만 봐서는 도저히 상상도 할 수 없는 그림에 그저 놀랄 뿐이다. 마우스를 조작하면 화면상에서 확대, 회전 등 자유롭게 움직일 수 있다. 또 수식의 좌변에 있는 'π' 3개를 '2, 3, 4, 5, ……'로 바꿔보면 곡면의 모습이 멋지게 변화한다.

'수학 미술관④'는 에네퍼 곡면이라고 부르는 '극소 곡면'의 그래프다. '극소 곡면'이란 어떤 조건 아래서 면적이 최소가 되는 곡면이다. '극소 곡면'의 예로는 철사 고리가 만들어내는 비눗방울이 있다. 비눗방울의 수학은 우리가 생각하는 것 이상으로 깊은 이론을 담고 있음이 밝혀졌는데, '오일러-라그랑주의 변분 방정식', '극소 곡면의 방정식' 등이 그 예다.

독일의 수학자 카를 바이어슈트라스(Karl Theodor Wilhelm Weierstrass, 1815~1897)는 '극소 곡면'을 표시하는 방법을 연구했다. 그중 하나가 '에네퍼-바이어슈트라스의 파라미터 표시'라고 부르는 것으로, 그 결과가 '수학 미술관④'의 수식이다.

'수학 미술관⑤'는 삼각함수를 조합해 그린 그래프다. 수식의 'n'은 소라가 감긴 횟수, 'a'는 소라의 원의 크기, 'b'는 소라의 높이, 'c'는 소라 내부에 생기는 원기둥의 크기를 조정한다.

'수학 미술관⑥'은 미국의 수학자 브누아 만델브로(Benoît B. Mandelbrot, 1924~2010)가 고안한 '만델브로 집합'이다. 평면은 복소수 평면(복소평면)이다. 이 '만델브로 집합'은 프랙탈 도형으로 유명하다. 프랙탈 도형은 부분이 전체와 닮은(자기 닮음) 도형으로, 가령 리아스식 해안선, 나뭇가지 모양은 확대를 해도 똑같이 복잡한 모양이므로 프랙탈이다. 만델브로는 프랙탈의 일종인 '줄리아 집합'을 연구하다 '만델브로 집합'을 발견했다.

◆ 수학 미술관③
－ 방정식의 해를 3차원
  공간의 점으로 표시

$$x^2 + y^2 + z^2 + \sin \pi x + \sin \pi y + \sin \pi z = 1$$

◆ 수학 미술관④
－ 에네퍼 곡면

$$x = u - \frac{u^3}{3} + uv^2$$
$$y = v - \frac{v^3}{3} + u^2 v$$
$$z = u^2 - v^2$$

◆ 수학 미술관⑤
－ 삼각함수의 조합

$$x = a\left(1 - \frac{v}{2\pi}\right) \cos nv' (1 + \cos u) + c \cos nv$$
$$y = a\left(1 - \frac{v}{2\pi}\right) \sin nv' (1 + \cos u) + c \sin nv$$
$$z = \frac{bv}{2\pi} + \alpha\left(1 - \frac{v}{2\pi}\right) \sin u$$

$$a = 0.141, \quad b = 0.5, \quad c = 0, \quad n = 3$$

◆ 수학 미술관⑥
－ 만델브로 집합

$$g(z) = z^2 - (0.75 + 0.2i)$$
$$f(z) = g(g(g(g(g(g(g(g(g(g(g(g(g(g(g(g(g(g(g(g(g(z))))))))))))))))))))))$$

$$h = \frac{1}{8}\left[\frac{8(\arg f(x+iy) + \pi)}{2\pi} + 0.5\right] = f(x + iy)$$
$$s = \text{clamp}(|f(x+iy)|, 0, 1) = f(x + iy)$$
$$v = \text{clamp}(|f(x+iy)|, 0, 1) = f(x + iy)$$

프랙탈의 개념을 생각해낸 만델브로는 자신의 특기인 수학을 활용해 항공 공학과 경제학, 유체 역학, 정보 이론 등 다방면의 연구를 실시했다. 그는 폴란드에서 태어나 프랑스와 미국 국적을 보유했으며, 프린스턴 고등연구소, IBM의 펠로, 퍼시픽 노스 웨스트 국립연구소의 펠로, 하버드 대학과 예일 대학의 수학과 등 전 세계를 누비며 끊임없이 연구에 매진한 수리 과학의 거인이었다.

수학 미술관을 만들어 보자

그 밖에도 다음 페이지에 소개한 것과 같이 신기한 그래프가 얼마든지 있다. 컴퓨터가 없었던 시대에 고안되었던 수식은 20세기의 대발명인 컴퓨터를 통해 멋진 그래프로 변신할 수 있었다. 만약 20세기 이전의 수학자가 저세상에서라도 모니터 화면을 통해 자신이 연구한 수식의 아름다운 모습을 바라본다면 놀라움의 탄성을 내지를 것이다.

여러분도 컴퓨터에 수학 소프트웨어를 설치해 수식의 그래프를 그려보기 바란다. 그래프의 아름다움과 기묘함에 틀림없이 매료될 것이다.

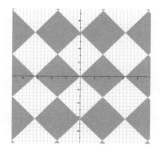

$$\cos x < \cos y$$

$$r = 3 \sin n\varphi \cdot \sin 2\theta - 1r$$
$$n = 3$$

$$r = 3 + \sin v + \cos(u + n)$$
$$\theta = 2v$$
$$z = \sin(u + n) + 3 \cos v$$

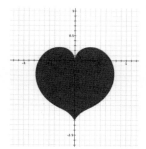

$$r - 0.\,2e^{-10\left|n - \frac{3\pi}{2}\right|} < \sqrt{\frac{1 + \cos\left(\theta + \frac{\pi}{2}\right)}{2}}$$

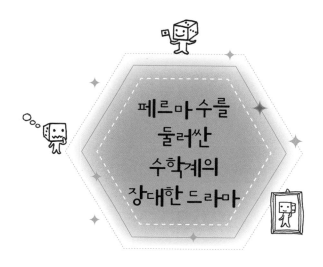

페르마의 예상이 틀렸음을 밝혀낸 오일러

2010년 6월 13일. 일본의 소행성 탐사기 '하야부사'가 60억 킬로미터의 장대한 여행을 마치고 지구로 귀환했다. 수많은 난관을 극복하고 대기권에 돌입한 하야부사의 모습에 많은 사람들이 감동을 받았다.

그런데 '페르마 수'를 둘러싼 수학계의 모험도 하야부사에 못지않은 장대한 드라마였다는 사실은 그리 알려져 있지 않다. 그 드라마를 소개하기에 앞서, 먼저 다음의 숫자를 보기 바란다.

'4294967297'

이 수의 정체를 푼 사람은 스위스의 레온하르트 오일러다. 17세기에 프랑스의 피에르 드 페르마(Pierre de Fermat, 1601~1665)는 $2^{2^n}+1$의 형태로 나타나는 수의 재미있는 성질을 발견했다. 이 수를 페르마 수라고 부르며, $F_n=2^{2^n}+1$로 나타낸다.

F_0부터 F_4는 전부 '소수(素數)'다. 소수는 가령 '2', '3', '5', '7'과 같이 '1'과 그 수 자신 이외에는 약수가 없는 수를 가리킨다. 그리고 페르마는 117쪽의 그림처럼 'F_5=4294967297'도 소수일 것으로 예상했다. 그러나 그 수가 어떤 수의 배수가 되는지 조사하기는 쉬운 일이 아니다.

결국 페르마로부터 약 100년이 지난 1732년이 되어서야 계산의 달인 오일러가 페르마의 예상이 틀렸음을 증명했다. '4294967297'은 소수가 아니라 '1' 이외에 '641'과 '6700417'이라는 약수를 가지고 있었던 것이다. '641'과 '6700417'은 둘 다 소수다. 그래서 '641×6700417'은 소인수 분해가 된다.

오일러는 주먹구구식으로 계산하다 운 좋게 '641'로 나누어 떨어진다는 사실을 발견한 것이 아니다. 여기에는 전략이 있었다. 그는 페르마 수가 '합성수'라면 어떤 수를 약수로 가질런지 생각했다. 그것이 n번째의 페르마 수가 '합성수'라면 '(정수)×2^n+1'을 약수로 가진다는 것이었다. 그렇다면 'n=5'의 경우에는 '(정수)×2^5+1=(정수)×32+1'이 된다. '(정수)'에 '1, 2, 3, …'을 대입한 값으로 '4294967297'을 나눠보면 되는 것이다.

그 결과 (정수)가 '20'이면 '641'이 되어 '4294967297÷641=6700417'로 나누어떨어짐을 발견했다.

이렇게 해서 페르마의 예상에 대한 반례가 제시되었다.

◆페르마 수 F_n

$$F_n = 2^{(2^n)} + 1 \quad (n은 \ 자연수)$$

$$F_0 = 2^{(2^0)} + 1 = 2^1 + 1 = 3$$
$$F_1 = 2^{(2^1)} + 1 = 2^2 + 1 = 5$$
$$F_2 = 2^{(2^2)} + 1 = 2^4 + 1 = 17$$
$$F_3 = 2^{(2^3)} + 1 = 2^8 + 1 = 257$$
$$F_4 = 2^{(2^4)} + 1 = 2^{16} + 1 = 65537$$

◆페르마의 예상

$$F_5 = 2^{(2^5)} + 1 = 2^{32} + 1 = 4294967297$$

◆ 페르마 수 4294967297은 소수(素數)가 아니었다!

$$F_5 = 4294967297 = 641 \times 6700417$$

◆ 페르마의 예상에 대한 오일러의 전략

페르마 수 F_n이 합성수라면
F_n은 (정수)$\times 2^n + 1$을 약수로 가진다.

80세가 넘은 노수학자의 대발견

다음 페르마 수인 'F_6'은 오일러로부터 약 150년이 지난 1880년에 '소인수 분해'되었다. 그 주인공은 프랑스의 포춘 랜드리(Fortune Landry, 1798~?)라는 수학자인데, 놀랍게도 당시 그는 80세가 넘은 나이였다.

그러나 사람의 손으로 계산할 수 있는 페르마 수는 여기까지였고, 그보다 큰 페르마 수의 계산은 컴퓨터의 등장을 기다려야 했다. 현재 소인수 분해가 완전히 해명된 페르마 수는 11번까지이며, 이 순간에도 페르마 수의 탐사는 계속되고 있다. 이것을 보

◆ 랜드리의 대발견

$$F_6 = 2^{(2^6)} + 1 = 274177 \times 67280421310721$$

◆ 컴퓨터를 이용해 풀어낸 페르마의 수

1970년

$$F_7 = 2^{(2^7)} + 1$$
$$= 9649589127497217 \times 5704689200685129054721$$

1980년

$$F_8 = 2^{(2^8)} + 1 = 1238926361552897 \times 9346163$$
$$97153579777691635581996068965840512375416$$
$$38188580280321$$

◆ 페르마의 수는 11번까지 밝혀졌다!

1988년

$$F_{11} = 2^{(2^{11})} + 1 =$$
$$319489 \times 974849 \times 167988556341760475137 \times$$
$$3560841906445833920513 \times (564 \text{ 자릿수의 수})$$

면 소인수 분해가 얼마나 어려운 일인지 알 수 있다.

약 3억 킬로미터 떨어진 소행성 이토카와의 탐사에 성공한 소행성 탐사기 하야부사의 모험이 어려움으로 가득했듯이, 거대한 수에 숨겨진 소인수를 탐사하는 것도 매우 어려운 일이다. 참고로 하야부사의 궤도 계산에는 15자리의 원주율 계산이 이용되었다고 한다. 이것은 우주 공간에서의 궤도 오차를 고려한 결정이었다.

여담이지만, 한때 우주 미아가 될 뻔했던 하야부사를 다시 찾아낸 것은 가우스(Johann Carl Friedrich Gauss, 1777~1855)의 위업을 떠올리게 한다. 수학자인 가우스는 괴팅겐 천문대장도 역임했을 만큼 천문학을 중요시했다. 천문 관측을 통해 '오차론(정규 분포)'과 '최소 제곱법' 같은 수학 이론을 생각해내기도 했다. 또한 한때 발견되었다가 위치를 잃어버린 소행성 세레스의 궤도를 자신의 수학 이론으로 계산해냈는데, 그가 예상한 위치에서 정말로 소행성 세레스를 발견할 수 있었다. 이것이 '소행성 세레스 재발견'이라는 위업이다.

멀리 떨어진 소행성 세레스와 가우스를 연결한 것이 수였듯이, 멀리 떨어진 하야부사와 지상의 관제탑을 연결한 것도 수였다. 수의 탐사와 별의 탐사는 의외로 공통점이 있는 것이다.

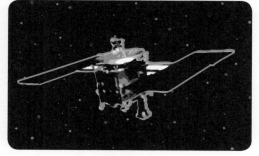

당당히 귀환에 성공한 하야부사의 항해는 15자리의
원주율을 사용한 치밀한 궤도 계산의 공이 컸다.

> 15자리라면
> 3.141592……,
> 그 다음이 어떻게
> 되더라……

소인수 탐사의 기나긴 여행은 앞으로도 계속된다

　수 탐사와 별 탐사의 커다란 차이점은 역사의 길이다. 인류가 지구의 중력에서 벗어나 우주로 날아간 지는 아직 50년 정도밖에 되지 않았지만, '페르마 수'의 소인수 탐사는 1732년에 오일러가 첫 테이프를 끊은 이래 약 280년이라는 역사를 자랑한다.

　로켓이 임청난 불꽃을 분사하며 굉음 속에서 우주로 날아오르는 데 비해 수의 탐사는 지상의 책상 위에서 조용히 펜을 움직이는 소리만 들리는 작업이다. 그러나 애초에 로켓이 우주를 탐사할 수 있는 것도 수와 숫자를 이용한 덕분이다. 눈앞에 있는 수에 대한 우리의 호기심이 그 시작이었던 것이다.

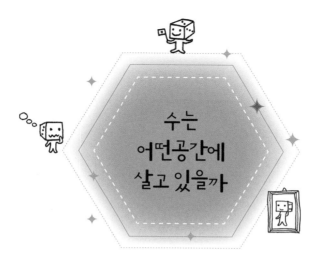

수는
어떤공간에
살고 있을까

숫자의 세계에는 매우 다양한 세계가 존재하며, 들어본 적도 없는 이름의 '공간'이 속속 등장한다. 말 그대로 우리가 모르는 세계다. 그 신기한 세계를 조금만 들여다보자.

'세계'는 원래 우리 인간이 활동하는 '공간'을 의미한다. 물리적 공간, 사회적 공간, 심리적 공간 등이 그것이다. 'Cyber Space'의 번역인 가상공간도 우리가 활동하는 '세계' 중 하나라고 할 수 있다. 요컨대 '세계'는 '공간'의 또 다른 표현이다.

한편 수학의 주인공은 '수'와 '도형', 또는 '함수'다. 인간이 아닌 그들이 사는 '세계'를 수학에서는 '공간(Space)'이라고 표현한다.

 새로운 종(種)을 발견하듯 공간과 만나다

예를 들면 이런 수학의 '공간'이 있다.

n차원 유클리드 공간. n차원 실내적 공간. 부분 공간. 이국적인 4차원 공간. 비유클리드 공간. 사영(射影) 공간. 쌍대 사영 공간. 복소 사영 공간. 선형 공간. 벡터 공간. 노름(norm) 선형 공간. 계량 벡터 공간. 위상 벡터 공간. 상벡터 공간. n차원 아핀 공간. 거리 공간. 바나흐 공간. 힐베르트 공간. 함수 공간. 위상 공간.

이름만 외우기도 벅찰 만큼 참으로 다양한 '공간'이 있다. 그리고 숫자 '공간'의 특징은 그 정의에 있다. 수나 도형의 '세계'를 탐험하다 보면 여러 가지 특징을 지닌 수와 조우한다. 수학자들은 그 '특징'을 틀림없고, 정확하고도 정밀하고 정교하게 최대한 단순하게 파악한다. 이러한 탐험의 결과 수들이 어떤 공간에 살고 있는지가 밝혀진다.

이런 과정은 생물학자들이 새로운 생물종의 생태를 관찰하고 이름을 붙여 분류하는 것과 비슷하다.

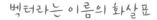

벡터라는 이름의 화살표

벡터는 화살표를 뜻한다. 화살표는 '방향'과 '크기(화살의 길이)'를 함께 가진 존재다. 벡터의 특성을 지닌 물리적인 양을 벡터량이라고 하는데, 우리 주변에는 다양한 벡터량이 있다. 그중 하나가 '바람'이다. '남남서풍, 풍력 3'은 바람의 방향과 세기를 나타낸다. 자동차의 속력도 사실은 벡터량이다. 자동차는 매 순간 어떤 방향을 향해 어떤 속도로 운동한다. 이것이 속도 벡터이며, 속도 벡터의 크기가 속도다.

수학을 공부하는 대학생들은 대개 처음에 '선형 대수학'을 배운다. '대수학(代數學)'은 수 대신 문자를 사용해 계산하는 수학이며, '선형 대수학'은 행렬·행렬식 등의 이론을 체계화한 것이다. 그런데 벡터는 사실 '선형 공간'이라는 세계에서 산다.

126쪽의 상자 안 문자들이 그 세계의 풍경이다.

도대체 이 상자 안 어디에 '→(화살표)'가 있는 것일까?

고등학교에서 배울 때는 문자 위에 화살표를 붙여서 '$\vec{v}$'와 같이 표기하는데, 좀 더 수학을 공부하면 벡터를 단순히 'v'로 표시하기 때문에 화살표가 사라져 당황하곤 한다. 게다가 그 정의의 내용, 즉 '벡터 공간'이란 무엇인지를 이 수식에서는 금방 상상하기가 어렵다. 그러나 끈기 있게 '벡터 공간'을 상대하다 보면 그 풍경이 점점 보이게 된다.

'실수', '좌표(x, y)', '복소수', '다항식', '함수' ……. 학교에서 배워온 이런 대상들은 사실 전부 '벡터 공간'의 예였다. 고등학교에서는 그런 사실을 전혀 알리지 않고 개별적으로 가르쳤지만, 사실은 전부 똑같은 성질을 지닌 '공간'에 사는 존재다.

그런데 왜 '벡터 공간'을 '선형 공간'이라고도 부르는 것일까? 그 이유는 두 벡터 공간 사이에 걸린 '사상(寫像, 함수)'이 '선형성'이라는 특징을 지녔기 때문이다. '선형 사상'이라는 다리가 공간과 공간을 연결한다는 특성을 지닌 '공간'이 '벡터 공간'이라는 말이다. 다시 말하면 수학의 공간은 눈에 보이는 물리적 공간이

◆ **벡터란 무엇인가**

벡터 공간과 벡터의 정의

V의 임의의 원소 u, v와 임의의 스칼라 a에 대해,
합: u+v 그리고 스칼라 곱(au)이 정의되어 있으며,
이것들이 다시 V에 속한다고 가정하자.
v, w를 V의 임의의 원소, α, β를 임의의 스칼라라고 했을 때
다음이 성립한다.

(1) (u+v)+w=u+(v+w)　　　(5) α(βv)=(αβ)v
(2) v+w=w+v　　　　　　　　(6) 1v=v
(3) 0+v=v가 되는 원소 v가 존재　(7) α(v+w)=αv+αw
(4) v+(−v)=0이 되는 원소 −v가 존재　(8) (α+β)v=αv+βv

이때 V를 벡터 공간이라고 부르며, V의 원소를 벡터라고 부른다.

아니다. 어떤 조건을 만족하는 집합이라고 생각하면 된다.

경제학에서도 활약하는 벡터

경제학이나 물리학도 이 '벡터'의 혜택을 누리고 있다. 20세기를 화려하게 장식한 미시 경제학이나 양자 역학 같은 이론은 '벡터'와 '벡터 공간'을 이용해 멋지게 설명할 수 있다.

'벡터'에서 보이는 풍경은 추상적이다. 따라서 이해하기 어려운 것은 어쩔 수 없는 일인데, 여기서는 추상적인 것이 왜 중요한지를 아는 것이 필요하다. 추상화는 수많은 구체적인 풍경에서 공통되는 특징을 추출해 그리는 회화 기법이다. 일단 추상화되면 적용되는 세계가 엄청나게 넓어진다는 점이 가장 큰 매력이다. 가령 추상화에 그려진 빨간 원은 사과도 될 수 있고 무엇인가를 나타내는 상징도 될 수 있으며 단순히 빨간 원도 될 수 있다.

인류가 '벡터 공간'이라는 추상화를 그리기까지 수천 년이 걸렸다. 앞에서 소개한 수많은 '공간'도 '벡터'와 마찬가지다. 잘 알 수 없는, 종잡을 수 없는 세계를 탐험하며 응시하는 가운데 명확히 대상을 확인할 수 있었던 증거가 '~공간'인 것이다.

요괴와 수학의 공통점은?

최근 들어 일본의 요괴 만화가 미즈키 시게루(水木しげる, 일본 요괴 만화의 일인자로, 대표작으로는 『요괴 인간 타요마(ゲゲゲの鬼太郎)』가 있다-옮긴이)가 다시 인기를 모으고 있는데, 그가 그리는 요괴의 세계도 '우리가 모르는 세계'다. 거장의 두뇌 속에서 펼쳐지는 미즈키 월드. 요괴의 세계를 무대로 한 수많은 만화는 미즈키 자신이 직접 그린 혼신의 역작이다.

우리는 각자 자신의 머릿속에 독자적인 '세계'를 가지고 있는데, 그 세계를 타인과 공유하기는 쉬운 일이 아니다. 미즈키 시게루는 만화라는 매체를 통해 자신이 머릿속에 그린 '세계'를 형상화함으로써 수많은 사람과 커뮤니케이션을 하는 데 성공했다. 그의 만화 세계에 빠져들면 요괴가 이 세상에 존재하지 않는다는 사실 따위는 전혀 생각할 수 없게 된다. 이 요괴는 틀림없이 미즈키 시게루의 세계에 존재한다고 믿게 만드는 힘이 있다. 요괴라는 비현실적 존재에게서 압도적인 현실감을 느끼는 신기한 경험을 할 수 있다.

수학도 미즈키 시게루의 만화와 마찬가지다. 수학의 세계에 빠져들었을 때에만 비로소 느낄 수 있는 현실감이 있다. 다만 그 세계에 빠져들기 위해서는 수학 특유의 언어에 익숙해져야 한다는 것이 만화와는 다른 점이다.

수학 세계를 탐험하다 보면 '수'와 '도형', '함수', '벡터' 같은 등장인물과 만난다. 그러면 수학자들은 그들이 사는 곳을 찾으려 한다. 그것이 수학의 '공간'이다.

러시아에 레프 폰트랴긴(Lev Semenovich Pontryagin, 1908~1988)이라는 수학자가 있었다. 그는 어렸을 때 사고로 시력을 잃었지만 좌절하지 않고 기하학을 연구했다. 그는 눈이 보이지 않는다는 사실에 불만을 느끼기는커녕 오히려 잘된 일이라는 말까지 했다. 눈이 보이지 않은 덕분에 보이는 세계가 있었다는 것이다.

미즈키 시게루는 만화를 통해 우리가 모르는 세계를 가르쳐줬다. 그리고 수학자들 역시 수학을 통해 '우리가 모르는 세계'를 가르쳐주고 있다.

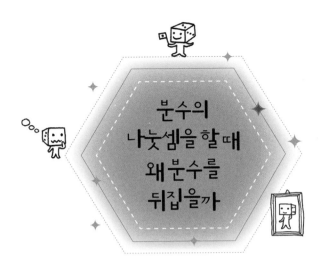

분수의
나눗셈을 할 때
왜 분수를
뒤집을까

신기한 분수의 나눗셈

수학 하면 공식, 공식 하면 수학.

초등학교에서 배우는 분수의 계산, 특히 분수의 나눗셈을 계산하는 방법은 우리가 제일 처음 외우는 공식인지도 모른다. 그런데 나중에 어른이 되어서 이 분수의 계산을 떠올리고 '이상하네?'라고 느낀 적이 없는가? 우리가 별다른 생각 없이 계산에 사용하고 있는 분수는 곰곰이 생각해보면 수많은 '물음표'로 가득하다.

나눗셈이란 무엇인지 다시 한 번 복습해보자.

$6 \div 2 = 3$

6 속에 2가 몇 개 들어 있는가? 이것이 나눗셈이라는 계산이다. 분수의 나눗셈도 똑같이 생각해보자.

$1 \div \frac{1}{7} = 7$

1 속에 $\frac{1}{7}$이 몇 개 들어 있는가? 답은 '7개'다.

이것을 기본으로 생각하면 '$3 \div \frac{1}{7} = 3 \times 7 = 21$'을 이해할 수 있을 것이다. 나누는 수($\frac{1}{7}$)가 분수일 경우, 분자와 분모를 뒤집어서 계산하는 것을 볼 수 있다.

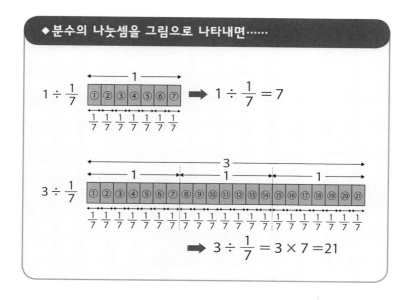

다른 예를 통해 분수의 나눗셈을 생각해보자. '페인트로 벽 칠하기' 문제다.

1리터로 3미터를 칠할 수 있는 페인트가 있다. 그렇다면 $\frac{12}{5}$리터로는 몇 미터를 칠할 수 있을까?

답은 $\frac{12}{5} \times 3^{(미터)}$라고 곱셈으로 구할 수 있다.

그러면 다음에는 1리터로 몇 미터를 칠할 수 있느냐가 아니라 1미터를 칠하려면 페인트가 몇 리터 필요할지를 생각해보자.

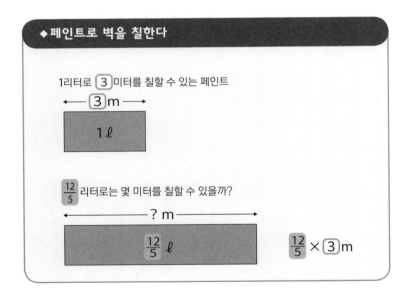

1미터를 칠하는 데 필요한 양은?

1미터를 칠하는 데 $\frac{7}{5}$리터가 필요한 페인트 $\frac{12}{5}$리터가 있다면 몇 미터를 칠할 수 있을까?

먼저 분수식으로 생각해보자. $\frac{12}{5}$리터는 $\frac{7}{5}$리터의 몇 배일까? 이것을 알면 그것을 1미터로 곱한 값이 우리가 구하는 길이가 된다.

즉, 답은 $\frac{12}{5} \div \frac{7}{5}$(미터)라는 뜻이다.

설령 이 분수의 나눗셈을 모른다고 해도 문제를 풀 방법은 있다. 아래 그림을 보기 바란다. 그림에는 1미터와 $\frac{7}{5}$리터가 적혀

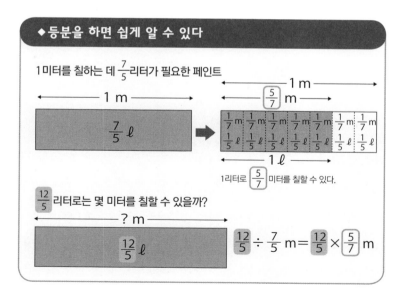

◆등분을 하면 쉽게 알 수 있다

있다. 그 그림을 7등분하면 오른쪽에 전개한 그림이 된다. 그러면 띠 하나가 $\frac{1}{7}$미터이며 페인트가 $\frac{1}{5}$리터 필요함을 알 수 있다. 따라서 페인트 1리터로 칠할 수 있는 길이는 $\frac{1}{7}$미터짜리 띠 5개 분량이므로 $\frac{5}{7}$미터다. 즉, 앞의 문제와 마찬가지로 곱셈 $\frac{12}{5} \times \frac{5}{7}$(미터)로 답을 구할 수 있다.

그러므로 $\frac{12}{5} \div \frac{7}{5} = \frac{12}{5} \times \frac{5}{7}$(미터)가 된다.

요컨대 '1미터당 a리터가 필요한 페인트'는 거꾸로 말하면 '1리터로 $\frac{1}{a}$미터를 칠할 수 있는 페인트'로 변환할 수 있다는 말이다. 이렇듯 기준이 되는 시점을 바꾸면 계산도 바뀐다.

a가 $\frac{1}{a}$이 된다.

이것은 곧 분수가 뒤집힘을 의미한다.

분수의 '나눗셈'은 '곱셈'으로 변환할 수 있다.

나도 모르게 외운 공식

참고로 초등학교 수학 교과서에는 '$\frac{a}{b} \div \frac{c}{d} = \frac{a}{b} \times \frac{d}{c}$'와 같은 분수의 나눗셈 공식이 실려 있지 않다(우리의 경우도 초등학교 수학 교과서에 공식이 나와 있지는 않지만, 문제풀이 과정을 통해 분수를 뒤집어서 곱하는 방법을 알려준다-옮긴이). 그러나 133쪽의 그림은 내가 배운 초등학교 수학 교과서에 실려 있었던 것이다. 우리는 '분수의 나눗셈은 뒤집어서 곱셈을 한다.'는 것을 자기도 모르는 사이에 공식으로 외운다.

공식으로 외우면 '왜?'라는 의문이 줄어든다. 물론 방대한 수학 공식을 사용하기 위해 일일이 그 '왜?'를 이해해야 한다면 그것은 그것대로 불편한 일이다. 그러므로 공식을 외우는 것 자체는 결코 나쁜 일이 아니다. '왜?'라는 궁금증을 초월해 손쉽게 공식을 쓸 수 있는 것에는 충분히 커다란 의미가 있다.

수학의 세계에서 공식은 결과다. 다양한 조건을 정리하는 가운데 하나의 수식으로 집약된 것, 그것이 공식이다. 결론적으로 '사용한다.'라는 관점에서 바라봤을 때 공식은 우리가 필요로 하는 결론에 빨리 다다르게 해주는 믿음직한 도우미라고 할 수 있다.

수학은 공식 발견의 릴레이

그러므로 공식을 결과의 도착점으로 생각하면 '수학이라는 이야기'가 재미없어지는 것은 당연한 일이다. 가령 옛날이야기도 '시작'과 '결말' 사이에 있는 '이야기'를 쫓아갈 때 비로소 그 깊은 매력을 맛볼 수 있다. 옛날이야기를 달랑 결말만 듣는다면 무슨 재미가 있겠는가? 수학이라는 이야기도 마찬가지다. 공식이라는 결론만 알게 된다면 그다지 재미를 느낄 수 없다.

그리고 공식은 또 다른 새로운 공식의 발견으로 이어진다. 수학은 수학자가 다른 수학자에게 바통을 넘기는 '공식 발견의 릴레이'를 통해 진보해왔다. 지금까지 외워온 공식이라는 '결론'을 '왜?'라는 의문의 시각으로 바라보자. 그러면 공식은 이야기의 '시작'으로 변신한다. 그리고 여러분이 지금까지 만나지 못했던 계산을 둘러싼 여행이 막을 열 것이다.

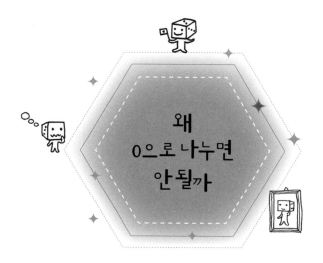

왜
0으로 나누면
안될까

어느 날, 수업시간에 한 학생이 이런 질문을 한다.

학생 "선생님, 왜 나눗셈을 할 때 0으로 나누면 안 되나요?"

자, 이 질문을 한 학생에게 친절하게 차근차근 설명해주기로 하자. 이 학생은 틀림없이 용기를 내어 선생님을 찾아왔을 것이다.

선생님 "참 좋은 질문이구나. 보통은 '왜 그럴까?'라고 생각하면서도 쓸데없는 질문을 한다고 혼날까봐 선생님한테 물어보지 못하는데 말이야. 히지만 절대 쓸데없는 질문이 아니란다. 네 질문은 참으로 진지하고 중요한 의문이야."

왜 이 질문이 중요할까? 그러면 우리도 선생님의 설명에 귀를 기울여보자. 먼저 나눗셈이란 무엇인가를 다시 한 번 생각해보는 것부터 시작한다. 아래의 그림을 보기 바란다.

이와 같이 나눗셈은 '어떤 수가 다른 수의 몇 배인가를 구하는 계산'이다. 즉 '태초에 곱셈이 있었다.'라고 생각할 수 있다. 가령 $6 \div 2$는 '6은 2의 몇 배인가?'를 구하는 계산이다. 처음에 '2를 3배 하면 6이 된다.'라는 생각이 있는 것이다. 이렇게 해서 나눗셈과 곱셈은 서로 대응함을 알 수 있다.

◆ 나눗셈의 시작은 '곱셈'

$$2 \times 3 = 6 \quad \Rightarrow \quad 6 \div 2 = \frac{6}{2} = 3$$

$$4 \times 3 = 12 \quad \Rightarrow \quad 12 \div 3 = \frac{12}{3} = 4$$

$$5 \times 1 = 5 \quad \Rightarrow \quad 5 \div 5 = \frac{5}{5} = 1$$

나눗셈을 곱셈으로 바꿔서 0을 곱해보자

그러면 이제 0으로 나누는 '나눗셈'을 생각해보자. 예를 들어 '3÷0=?'는 '3은 0의 몇 배인가?'라는 계산이다. 이것을 곱셈식으로 나타내면 '0×?=3'이 된다.

즉, '0×?=3'→'3÷0=?'이라는 말이다.

이 곱셈식을 보고 '?'에 어떤 수가 들어가야 할지 생각해보자. 0에 무엇을 곱하면 3이 될까? 그런 수는 존재하지 않는다.

그렇다. '3÷0'의 답은 '없다.'인 것이다.

이어서 0을 0으로 나누는 계산을 살펴보자. '0÷0'이다. 지금까지와 마찬가지로 곱셈식을 찾아보자.

'곱셈식'→'0÷0=?'

그러면 '(곱셈식)'은 '0×?=0'이다.

자, '?'에 들어갈 수는 무엇일까?

이번에는 엄청나게 많다.

$0 \times 0 = 0$

$0 \times 1 = 0$

$0 \times 2 = 0$

$0 \times 3 = 0$

    ⋮

'?'에 어떤 수를 넣어도 성립한다.

그러므로 다음과 같이 된다.

0÷0=0

0÷0=1

0÷0=2

0÷0=3

⋮

즉, '0÷0'의 답은 '무수히 많다.'가 된다.

$a÷0$은 답을 하나로 정할 수 없다

'6÷3'은 '=2'와 같이 답이 하나로 정해져 있기에 나눗셈으로서 의미가 있다. 이것은 나눗셈뿐만 아니라 어떤 계산이든 마찬가지다. '3+5', '6-4', '8×3'은 모두 답이 한 가지로 정해져 있다. 그러나 '$a÷0$'이라는 계산은 답을 하나로 정할 수 없다.

이것이 '0으로 나눠서는 안 된다.'는 말의 정체다.

이것을 수학에서는 "계산(연산)이 정의되지 않는다."라고 말한다. 아마 계산이 정의되지 않는다는 말을 지금까지 한 번도 들어본 적이 없는 사람도 있을 것이다. 초등학교 때부터 '정의할 수 있는' 계산만을 배워왔으니 무리도 아니다. 우리가 학교에서 배워온 수학에는 다음과 같은 말이 생략되어 있다.

'α가 0이 아닐 경우' ➡ 'α÷0'의 답은 하나도 없다.

'α가 0일 경우' ➡ 'α÷0'의 답은 무수히 많다.

그러므로 'α÷0'은 정의되지 않는다.

"지금부터 여러분이 도전할 이 계산은 이와 같이 명확하게 정의되어 있습니다. 그러니 안심하고 계산하세요."

'0으로 나누는 계산'은 그 말에 나타나 있지 않은 전제를 가르쳐주는 좋은 재료다. 그래서 "왜 0으로 나누면 안 되나요?"라는 질문이 중요한 것이다.

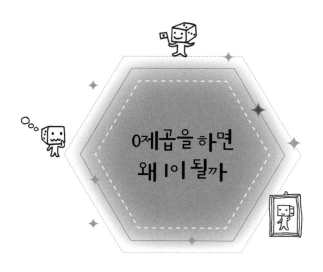

0제곱을 하면 왜 1이 될까

무조건 믿지 말고 이해하자

우리는 학교 수업 시간에 $a^0 = 1$이라고 배웠다. '왜 0제곱을 하면 1이 될까?'라고 궁금해했던 사람도 있겠지만 학교에서는 자세한 이유를 가르쳐주지 않는다. 그래서 석연치는 않지만 '일단 a의 0제곱은 1이라고 외우자.' '선생님이 그렇다고 말씀하셨으니 믿어야지.'라고 생각한 사람도 많을 것이다.

그러나 수학은 '믿는' 학문이 아니다. 믿지 말고 이해가 될 때까지 궁리해보면 의외의 즐거움을 만날 수 있다.

그러면 왜 a의 0제곱이 1이 되는지 생각해보자.

아래의 그림을 보기 바란다. 이것을 보고 뭔가 깨달은 점은 없는가?

지수 부분에 주목하면, 5, 4, 3, 2, 1로 1씩 작아질 때마다 우변의 값이 각각 '$\frac{1}{2}$배', '$\frac{1}{3}$배' 작아졌다. 이 관계가 계속된다면 '2^0'과 '3^0'은 각각 그 앞의 수인 '2'와 '3'의 '$\frac{1}{2}$배'와 '$\frac{1}{3}$배'가 될 것이다. 즉, '1'이다.

◆2의 지수를 나열하면……

$2^5=32$　　$2^4=16$　　$2^3=8$　　$2^2=4$　　$2^1=2$　　$2^0=?$

$\frac{1}{2}$배　　$\frac{1}{2}$배　　$\frac{1}{2}$배　　$\frac{1}{2}$배　　$\frac{1}{2}$배

◆3의 지수를 나열하면……

$3^5=243$　　$3^4=81$　　$3^3=27$　　$3^2=9$　　$3^1=3$　　$3^0=?$

$\frac{1}{3}$배　　$\frac{1}{3}$배　　$\frac{1}{3}$배　　$\frac{1}{3}$배　　$\frac{1}{3}$배

이번에는 음의 지수에 대한 값도 생각해보자.

0제곱을 이해하자! 단계②

지금까지 전개했듯이 지수는 '몇 번을 곱하는가?'를 나타내는 자연수다. 그리고 지수 변화의 규칙을 연장해서 생각하면 지수 부분이 '0'이나 음의 정수일 경우까지 생각할 수 있다. 이 규칙을 '지수 법칙'이라고 한다.

◆지수가 음수라면……?〈2의 경우〉

$2^5 = 32$　　$2^4 = 16$　　$2^3 = 8$　　$2^2 = 4$　　$2^1 = 2$　　$2^0 = 1$

$2^{-1} = \dfrac{1}{2}$　　$2^{-2} = \dfrac{1}{4}$　　$2^{-3} = \dfrac{1}{8}$

◆지수가 음수라면……?〈3의 경우〉

$3^5 = 243$　　$3^4 = 81$　　$3^3 = 27$　　$3^2 = 9$　　$3^1 = 3$　　$3^0 = 1$

$3^{-1} = \dfrac{1}{3}$　　$3^{-2} = \dfrac{1}{9}$　　$3^{-3} = \dfrac{1}{27}$

이 법칙은 '$a^0 = 1$'의 수수께끼를 푸는 문을 활짝 열어준다. 클라인의 항아리(주로 위상수학의 한 예로 거론되며 뫼비우스의 띠처럼 바깥쪽과 안쪽을 구별할 수 없는 4차원의 모형–옮긴이)로 유명한 독일의 수학자 펠릭스 클라인(Felix Klein, 1849~1925)이 말했듯이, 귀를 기울이면 공식은 많은 것을 이야기하기 시작한다.

아래의 그림을 보기 바란다. "모든 실수 x, y에 대해……."라고 적혀 있다. 이때 '$y = 0$'이라고 가정해보자.

그러면 '$a^x \times a^0 = a^{x+0} = a^x$'가 되어 '$a^0 = 1$'이라는 답을 얻을 수 있다. 잘 이해가 안 된다면 '$x = 2, y = 0$'을 대입해보자.

◆지수 변화의 규칙에서 나온 지수 법칙

지수 법칙

모든 실수 x, y에 대해,
$$\alpha^x \times \alpha^y = \alpha^{x+y}$$

펠릭스 클라인
(1849~1925)

공식은 잠자고 있지 않다.
입을 다물고 있을 뿐이다.

그러면 '$a^2 \times a^0 = a^{2+0} = a^2$'가 되므로 역시 '$a^0 = 1$'이 된다.

⎡ 0제곱을 이해하자! 단계 ③ ⎤

이렇게 해서 지수법칙에는 '$a^0 = 1$'이 포함되어 있음을 알았다. 그러면 음의 지수에 대한 식의 의미를 알 수 있다.

가령 '$x = 1$', '$y = -1$'일 경우, 지수법칙에 따라 $a \times a^{-1} = a^{1-1} = a^0 = 1$이 되어 $a^{-1} = \dfrac{1}{a}$를 얻을 수 있다. 그리고 이것을 $y = -x$라고 하면 $a^x \times a^{-x} = a^{x-x} = a^0 = 1$이 되어 $a^{-x} = \dfrac{1}{a^x}$가 된다.

'왜 $a^0 = 1$일까?' 이 질문에 대한 대답은 지수법칙 속에 있었던 것이다.

전국을 여행하며 수학을 가르쳤던 수학자들

다양한 수학을 공부했던 에도 시대

일본의 에도 시대에 서민의 수학 수준은 세계적으로도 특이하다고 할 만큼 높았다. 당시 서민 자제를 가르쳤던 민간 교육기관인 데라코야(寺子屋)의 풍경은 현대의 학교나 학원과는 사뭇 달랐다.

현대의 아이들에게 공부는 '입시'와 따로 떼어서 생각할 수 없다. 입시와 관련이 있느냐 없느냐에 따라 공부의 내용과 몰입도가 달라진다. 그러나 에도 시대에는 지금 같은 입시 제도가 없었다. 게다가 연령과 수준에 따라 학습과정과 내용을 구분하는 시스템도 없었다. 어린 아이들부터 청년들까지 함께 공부했고 배우는 내용도 붓글씨, 주판 등 다양했다. 그리고 에도 시대 전기의 수학자인 요시다 미쓰요시(吉田光由, 1598~1672)가 쓴 『진겁기(塵劫記)』는 세대를 초월한 수학책으로 에도 서민들의 애독서가 될 만큼 널리 읽혔다.

이렇게 데라코야에서 공부한 학생들 가운데 수학자가 하나둘 탄생하기 시작했다. 그중 하나가 와산(和算, 주판을 써서 하는 일본의 재래 셈법)의 대가인 세키 다카카즈(關孝和, 1642~1708)다.

여행하는 수학자 '유력산가'

도대체 에도 시대와 현대는 어떤 점이 다를까? 그것은 수학을 가르치는 선생님이 어디에나 다양하게 존재했다는 점이다. 당시는 처마 끝에 '산법 학원'이라는 간판을 내걸면 수학을 배우려는 사람들이 몰려들어 긴 행렬이 생길 만큼 수요가 많았으며, 수학에 자신 있는 사람이라면 누구나 수학을 가르칠 수 있었다. 그러나 에도 같은 대도시에는 데라코야가 많았지만, 지방은 그렇지 않았다. 그런 상황에서 수학이 지방으로까지 확산된 데는 오늘날에는 생각할 수 없는 교사가 존재했기 때문이다. 바로 전국을 여행하며 수학을 가르치는 '유력산가(遊歷算家)'라는 수학가들이다.

세키 다카카즈는 『진겁기』를 독학으로 공부한 뒤
일본의 독자적인 수학인 '와산'을 크게 발전시켰다.

『진겁기』로 수학을 공부한
세키 다카카즈

'베르누이 수'를 발견한 것으로
유명한 세키는
세계적인 수학자야.

수학 문답으로 지식을 겨루다

'유력산가' 중에서도 특히 유명한 사람으로는 야마구치 가즈(山口和, ?~1850)가 있다. 에치고(현재의 니가타 현) 지방에서 태어난 그는 인기가 높았던 에도의 하세가와 도장에서 수학을 공부했다. 그러다가 1794년 즈음에 오슈(지금의 아오모리 현, 이와테 현, 미야기 현, 후쿠시마 현, 아키타 현)로 여행을 떠났는데, 가는 곳마다 "에도에서 수학 선생님이 왔다!"라며 그에게 가르침을 청했다. 촌장들은 그를 자신의 집에 머무르게 하며 수학을 배웠고, 그것만으로는 만족하지 못해 마을에 학당을 만들고 주민들에게 수학을 배우게 했다고 한다. 서민들의 지적 욕구가 얼마나 컸는지 엿볼 수 있는 일화다.

1818년, 야마구치는 이치노세키(이와테 현에서 가장 넓은 도시)의 수학자 지바 다네히데(千葉胤秀, 1775~1849)와 만났다. 지바는 센다이(미야기 현의 중심도시)에 3천 명이나 되는 제자를 둔 유력산가였다. 자신과 같은 수학가의 존재를 안 야마구치는 지바를 찾아가 서로 문제를 내는 '수학 문답'을 신청했다. 그리고 결과는 야마구치의 압승이었다. 야마구치에게 진 지바는 그의 제자가 되어 하세가와 히로시 도장에서 수련을 쌓고 세키류 수학의 면허를 전수받았다. 그리고 이후 수많은 제자를 키워내 이치노세키 지역을 전국 유수의 수학 중심지로 발전시켰다.

수학이 동경의 대상이었던 시절

지바가 1830년에 쓴 『산법신서(算法新書)』는 당시 폐쇄적으로 전수되던 수학을 공개해 일반인들이 독학으로 공부할 수 있게 한 우수한 교과서로 전국에서 베스트셀러가 되었다.

여기에서 중요한 점은 지바 다네히데가 원래 농민이었으며 그에게 수학을 배운 사람 중에도 농민층이 많았다는 사실이다. 에도 후기에는 도호쿠 지방을 중심으로 지적인 농민 문화가 발달했던 것이다.

수학을 가르쳐주는 데라코야 같은 환경이 있고 유력산가 등의 수학자가 많았던 에도 시대. 어린이들은 그런 어른들의 모습을 동경하며 수학을 배웠던 시절이었다.

Part 3

초 재밌어서 밤새읽는

수학이야기

수학은 '초'를 좋아한다

일본에서 "초(超) 귀여워!" 같은 말은 언제부터 사용되기
시작했을까? 지금은 유행이 지났다는 얘기도 있지만, 그래도
'초'는 일상 대화에서 여전히 쓰이고 있다. '보통이 아니라 굉장
히'라는 의미가 있는 '초'는 "초 맛있어" "초 끝내줘" 등의 용법에
서 한 발 더 나아가 '초 베리구(超 very good)'처럼 영어와도 조합되
기에 이르렀다. 그리고 보니 예전에는 '초합금'이 유행했고, 이
책의 제목도 '초 재미있어서 밤새 읽는 수학 이야기'가 아닌가?

일본인은 정말로 '초'를 초 좋아한다는 생각이 든다.

그런데 수학의 세계에도 '초'가 붙는 말이 있다.

초공간, 초월수, 초함수, …….

왜 이렇게 '초'가 붙었는지 알아보면 재미있는 사실을 발견할 수 있다.

 수학 세계에서 사용되는 '초'의 종류

> ▶ hyper에서 탄생한 '초'들
> 초공간, 초평면, 초곡면, 초구면, 초기하급수

'초공간'은 'hyper space'를 옮긴 말이다. 이와 마찬가지로 '초평면', '초곡면', '초구면'도 각각 '평면(plane)', '곡면(curve)', '구면(sphere)'에 'hyper'가 붙은 영어를 옮긴 말이다. 'hyper'를 '초'로 번역한 것이다.

우리가 일상적으로 실감하는 공간은 가로, 세로, 높이의 세 방향이 있는 3차원 공간이다. 그러나 현대 수학은 여기에서 출발해 더 높은 차원의 공간을 생각하는 데 성공했다. 그것이 'hyper'가 붙는 공간, 즉 '초공간'이다. 좀 더 정확한 정의를 소개하면, 가령 초곡면은 'n차원 유클리드 공간' 속의 'n-1차원 부분 다양체(多樣體)'를 뜻한다.

뿐만 아니라 '초기하급수'라는 뭔가 상상을 초월하는 느낌을 주는 것도 있다. 영어로는 'hyper-geometric series'인데, 역시 'hyper'를 '초'로 번역한 말이다. 고등학교에서도 배우는 이항정리, 즉 $(a+b)^n$의 전개를 나타내는 공식을 일반화한 것이라서 '초'가 붙었다.

▶ trans에서 탄생한 '초'들 ①

초월수(transcendental number)

'transcendental'은 '일반 상식을 뛰어넘은, 탁월한'이라는 의미 외에 '난해한, 추상적인'이라는 의미도 있는 말이다. 무리수인 원주율 π는 사실 '초월수'다. 그러나 같은 무리수인 $\sqrt{2}$는 초월수가 아니라 '대수적 수(algebraic number)'다. '대수적 수'는 유리수를 계수로 갖는 다항식의 근이 되는 수다.

157쪽의 상자를 보기 바란다. 'π'와 '$\sqrt{2}$' 모두 소수점 이하가 무한히 계속되는 무리수다. 이것을 보면 둘이 비슷한 부류인 것처럼 생각된다. 그런데 사실은 이 두 수 사이에 '일반 상식을 뛰어넘을' 만큼의 큰 차이가 있음이 밝혀졌다.

$\sqrt{2}$라는 수는 '$x^2 = 2$'라는 방정식의 해다. 그런데 π에는 그런 방정식이 없다. π처럼 어떤 방정식의 해도 되지 않는 수를 '초월

초월수와 대수적 수

초월수 π = 3. 141592653589793238462643383 27⋯

대수적 수 $\sqrt{2}$ = 1. 414213562373095048801688724 20⋯

수'라고 한다. 모든 방정식을 '초월'했다는 의미다. 말하자면 $\sqrt{2}$
는 '어머니 방정식'이 있어서 그 어머니 방정식에게서 태어난 아
이 같은 수다. '대수적 수'에는 '어머니 방정식'이 있다는 말이다.
한편 '초월수'는 '어머니 방정식'이 없는 수다.

  우리가 알고 있는 정수나 유리수, $\sqrt{\ }$ 로 표시하는 무리수는 대
부분 '대수적 수'다. 그런데 독일의 게오르크 칸토어(Georg Cantor,
1845~1918)가 엄청난 사실을 증명했다. 대부분의 수가 '초월수'라
는 것이다! 직선 위의 점에 수를 대응시킬 때, 이 직선을 수직선
이라고 한다. 이 수직선 위의 점이 대부분 '초월수'를 나타내는
점이라는 놀라운 사실에 수학자들은 커다란 충격을 받았다.

  '어떤 수가 초월수인가 아닌가?'를 판정하기는 매우 어려운
데, 1882년에 독일의 수학자 페르디난트 폰 린데만(Ferdinand

von Lindemann, 1852~1939)은 'π가 초월수'임을 증명했다. 이렇게 해서 π에는 '어머니 방정식'이 없음이 판명되었다.

'초월수'는 난해하기 짝이 없는 수여서 아직도 해명되지 않은 수수께끼가 많다. 참고로 2의 √2제곱도 초월수다.

도미노 게임 같은 수학적 귀납법

> ▶ trans에서 탄생한 '초'들②
> 초한귀납법(transfinite induction)

고등학교에서 배우는 수학적 귀납법은 '초한귀납법'이다. 수학적 귀납법은 알기 쉽게 말하면 도미노 쓰러트리기다. '모든 자연수'에 대해 성립하는 정리를 증명할 경우, 각 자연수에 대해 성립함을 일일이 증명하기는 불가능하다. 그래서 생각해낸 방법이 수학적 귀납법이다. 첫 번째 자연수, 즉 '1'에 대해 성립할 경우 다음에는 '2', 또 다음에는 '3'과 같이 그 다음 수에도 성립함을 증명함으로써 무한히 있는 모든 자연수에 대해 성립함을 증명하는 증명 방법이다. 도미노가 연속으로 쓰러지는 모습을 연상시키지 않는가?

'finite'가 유한이라는 의미이므로 'transfinite'는 '유한을 초월하다.'라는 뜻이다. 참고로 '무한대'를 나타내는 'infinite'는 'finite의 부정'이라는 의미다. 도미노가 연속적으로 쓰러지듯 유한을 초월하는 모습은 그야말로 'transfinite'이며, 그 끝에는 'finite(유한)'의 반대인 'infinite(무한)'가 있는 것이다.

> ▶ 그 밖의 다양한 '초'들①
> 초준해석(nonstandard analysis)

사실 '무한대'와 '무한소'는 수가 아니다. 무한대(∞)는 수가 아니라 '한없이 커지는 상황'이며, 무한소는 '한없이 0에 가까운 양'을 뜻하는 말이다.

그러나 많은 사람이 '∞'를 수로 생각하듯이 수학자들도 '∞'를 수로 취급할 수는 없을까 고민에 고민을 거듭했고, 결국 그것을 실현시킨 것이 '초준해석'이라는 새로운 개념이었다. 초준해석을 통해 '∞'는 비로소 수로 취급받을 수 있게 되었다.

> ▶ 그 밖의 다양한 '초'들②
> 초수학(metamathematics)

'초수학'은 수학에서 중요한 '증명' 자체를 연구하는 수학으로, 독일의 수학자 다비트 힐베르트(David Hilbert, 1862~1943)가 고안한 '기초론'이라는 이름의 분야다. 예를 들어 오스트리아의 쿠르트 괴델(Kurt Gödel, 1906~1978)의 "수학에는 증명할 수도 없고 그 부정도 증명할 수 없는 명제가 존재한다."라는 '괴델의 불완전성 정리'가 바로 '초수학'이다.

이와 같이 수학에도 '초'가 붙는 용어가 많은데, 그 공통된 특징은 '엄청나다.'는 것이다. '기존의 수학을 뛰어넘은 것=초'이므로 '초'가 붙는 수학 용어는 대부분 새로운 것이다. 그런 의미에서 '초음속', '초분자' 등 현대 과학이 '초'를 사용하는 것과 마찬가지라고 할 수 있다.

 ### 지금까지의 함수를 초월한 획기적 초함수

마지막으로 '초'가 붙는 수학 용어를 하나 더 소개하겠다. 지금까지 소개한 '초'가 붙는 수학 용어는 전부 처음에 외국에서 고안되어 명명된 용어를 번역한 것이었다. 그런데 처음부터 '초'가 붙은 수학 용어가 있다. 바로 '사토의 초함수'다.

독일의 헤르만 슈바르츠(Hermann Schwarz, 1843~1921)가 고안한 'distribution(분포)'을 일본에서는 '초함수'라고 번역했다. 이것을 일본 이외의 나라에서는 'distribution', 일본에서는 '슈바르츠의 초함수'라고 부른다. 그리고 사토 미키오(佐藤幹夫, 1928~)가 독자적으로 고안한 새로운 함수인 '초함수'는 'hyperfunction'이라는 영어로 번역되어 세계 수학계에서 사용되고 있다.

'초함수'는 그 이름처럼 지금까지의 함수를 초월한 획기적인 아이디어로, 물리학이나 공학에도 응용되는 믿음직한 존재다. 이와 같은 '초함수'는 기존의 함수를 일반화한 것이라서 'generalized function(일반화된 함수)'이라고도 불리는데, 사토의 'hyperfunction'은 슈바르츠의 'distribution'을 뛰어넘어 수학계에 찬연한 빛을 발하고 있다.

인류는 수학이라는 초능력을 개발하고 발전시켰다

과거에 초능력이 유행한 적이 있었다. 눈에 보이지 않는 힘을 조종해 숟가락을 구부러트리는 초능력자의 모습에 사람들은 텔레비전 화면에서 눈을 떼지 못했다.

그러나 생각해보면 수학을 응용함으로써 비로소 실현할 수 있었던 'IT'의 세계도 옛날 사람들의 눈에는 숟가락 구부리기 이상으로 상상을 초월한 현상일 것이다. 가령 중세시대 사람이 타임머신을 타고 컴퓨터와 휴대전화를 당연히다는 듯이 사용하고 있는 현대로 온다면 "이건 초능력이야!"라고 외칠지도 모른다.

만약 그런 일이 일어난다면 현대를 사는 우리는 그 선조에게 "이 초능력의 정체는 수학입니다."라고 가르쳐줘야 할 것이다.

우리는 수를 발견하고 그 수와 수 사이에 있는 보이지 않는 관계를 찾아내 응용하는 수준까지 진화했다. 수학은 그야말로 진짜 '초능력'이다. 그리고 현대 수학은 그 초능력을 초월하는 '놀라운' 발견에 대해 '초~'라는 이름을 붙였다.

우리는 수학이라는 초능력을 개발해왔다. 그리고 앞으로도 '초~'를 발견해 그 '초능력'을 더욱 발전시켜나갈 것이다.

"너와는 차원이 달라!"

오늘날은 텔레비전이든 영화든 게임이든 3D(3-Dimensions, 3차원)의 시대다. '입체'가 아니라 '3D'를 선전 문구로 사용하는 이유는 무엇일까? '3D'라고 말하는 편이 전에 비해 고성능이라는 느낌을 정확히 표현할 수 있기 때문일까? '평면에서 입체로'라고 말하기보다 '2D에서 3D로'라고 숫자를 사용하는 편이 발전했다는 느낌을 주는 것은 분명하다. 또 'D', 즉 '차원'이라는 말에도 효과가 있다. '차원'이라는 말은 '구별하다', '수준에 차이가 있다'라는 의미로 사용될 때가 많기 때문이다.

우리의 일상 대화에서 종종 쓰는 "차원이 달라."라는 표현이 그런 느낌이다. 상대를 폄하할 때는 "차원이 낮아."라고 말하고, 반대로 상대가 우수하거나 자신(혹은 세상의 평균)을 능가할 때는 "차원이 높아."라고 말한다.

그러면 수학의 세계에서 이 '차원'이라는 말은 어떤 의미를 지닐까?

수학에서 의미하는 '차원'이란

수학에서 공간이 확장되는 상태를 나타낸 것. 이것이 '차원'이다. '0차원 공간'은 점, '1차원 공간'은 직선, '2차원 공간'은 평면, '3차원 공간'은 공간을 나타낸다. 우리는 일반적으로 '3차원'까지만 인식할 수 있지만, 좌표를 사용한 '차원'의 표현은 결코 어려운 일이 아니다. (1, 2)는 '2차원', (1, 2, 3)은 '3차원', (1, 2, 3, 4)는 '4차원', (1, 2, 3, 4, 5)는 '5차원'과 같이 수의 조합의 개수로 '차원'을 나타내기만 하면 된다. 요컨대 'n개'의 수의 조합 (1, 2, 3, …, n)이 n차원 좌표가 된다.

그러나 본래의 도형, 즉 기하의 고차원 세계에서 보이는 '차원'의 표현은 이렇게 간단하지 않음이 밝혀졌다.

푸앵카레 추측을 둘러싼 수학자들의 드라마

바로 '푸앵카레 추측'의 증명이다.

1904년에 프랑스의 앙리 푸앵카레(Jules-Henri Poincaré, 1854~1912)가 제기한 다음의 문제는 약 100년이라는 세월이 지난 2002년이 되어서야 러시아의 그리고리 페렐만(Grigori Yakovlevich Perelman)이 오류가 없음을 증명했다.

'푸앵카레 추측'은 다음과 같은 3차원에 관한 것이다.

> ▶ 푸앵카레 추측
> 하나로 연결된 3차원 공간에서의 닫힌 다양체는
> 3차원 구면과 위상동형이다.

그리고 이것을 '4차원 이상'에서도 생각해보려고 한 것이 다음의 예상이다.

> ▶ 고차원 푸앵카레 추측
> n차원 호모토픽 구면은 n차원 구면과 위상동형이다.

이것을 증명하기 위한 여정은 다음과 같다. 먼저 5차원 이상의 '고차원 푸앵카레 추측'은 미국의 스티븐 스메일(Stephen Smale,

_{1930~)}이 1960년에 증명했고, 4차원의 경우는 1961년에 증명
되었다.

그런데 이때 일대 사건이 일어났다.

영국의 사이먼 도널드슨(Simon Kirwan Donaldson, 1957~)이 '4차
원 공간'은 특별한 공간임을 증명한 것이다. 그는 언뜻 똑같이
보이는 '4차원 공간끼리'도 시점을 바꾸면 전혀 다른 '4차원 공
간'인 공간이 존재함을 발견했다. 그리고 마침내 페렐만이 본래
의 '3차원' 푸앵카레 추측을 증명했다. '5차원 이상'은 의외로 간
단했고 '4차원'은 어려웠으며 가장 난관이 '3차원'이었다는 사

◆ 푸앵카레 추측을 증명한 그리고리 페렐만

그는
명예나 돈에
흥미가 없는
수학자야.

멋지다!

실은 참으로 흥미롭다. 왠지 느낌상으로는 고차원이 더 어려울 것 같지만, 저차원('4차원'과 '3차원')으로 갈수록 훨씬 어려워져서 고도의 증명 방법이 필요하다.

수학계의 노벨상을 거부한 수학자

'푸앵카레 추측'을 증명하는 데 성공한 스메일과 도널드슨, 페렐만은 수학계의 노벨상이라고 불리는 '필즈상'을 받게 되었다. 그러나 최고의 난관을 돌파한 페렐만은 2006년 필즈상 수상자로 선정됐지만 수상을 거절했다. 게다가 2010년에는 미국의 클레이 수학연구소에서 내걸었던 '푸앵카레 추측 증명 현상금' 100만 달러도 거부했다. 일설에는 그가 사람들과 만나기 싫어하는 성격이라고 하지만, 돈이나 명예 등 물질에는 관심이 없다는 말로 거부의사를 밝혔다고 한다. 그는 현재 러시아의 한 허름한 아파트에서 어머니와 조용히 살고 있다. 너무 수학에 몰두한 나머지 사회성과 현실감이 부족한 게 좀 아쉬운 천재이다.

차원이 높은 것이 수준 높음을 의미하지는 않는다

한편 물리학의 세계에서도 비슷한 일이 일어났다. 소립

자 물리학이라는 학문의 가장 큰 꿈은 모든 소립자를 통일하는 것인데, 그 꿈을 이룰 가장 유력한 후보인 '초끈 이론'이 나타내는 시공의 '차원'은 32차원, 16차원, 12차원, 11차원, 10차원이다. 그리고 이 우주는 여러분도 알다시피 4차원이다. 요컨대 '가로' '세로' '높이' 그리고 '시간'이다. 그런데 이런 고차원을 다루는 '초끈 이론'도 '왜 우주가 4차원인가?'를 증명하는 데는 성공하지 못했다.

이와 같이 수학과 물리학에서는 '고차원'보다 '저차원'을 해명하는 것이 더욱 어렵다. 즉 '차원'이 높은 것이 반드시 수준 높음을 의미하지는 않는다. 이렇게 생각하면 최근의 '차원 상승' 유행에서 실망감도 느껴진다.

'푸앵카레 추측'과 '초끈 이론'이 보여줬듯이 차원이 높아진다고 해서 대단한 것이 아니며, 오히려 우리가 지금 살고 있는 이 '4차원 시공'이야말로 가장 신비한 공간이다. 그래도 '차원은 높을수록 좋아!'라고 생각하는 사람에게는 수학을 추천한다. 수학에서는 '무한 차원 벡터 공간' '무한 차원 힐베르트 공간' 같은 다양한 '무한 차원'이 연구되고 있다.

'차원'은 공간이 확장되는 상태를 나타내는 지표다. 언뜻 보면 2D보다 3D가, 3D보다 4D가 더 고급스럽고 수준이 높을 것 같은데 실제로는 '저차원'일수록 어렵고 수수께끼로 가득하다는 사실은 놀라울 따름이다. 어쩌면 머지않은 미래에는 상대를 폄하할 때 "차원이 높다.", 상대가 우수할 때 "차원이 낮다."라고 말하는 수학적인 화법이 확산될지도 모르겠다.

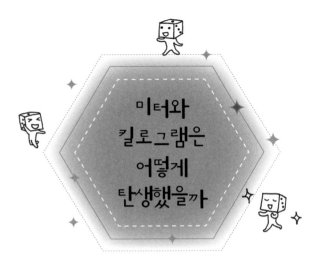

미터와
킬로그램은
어떻게
탄생했을까

'1미터'에 숨겨진 비밀

1미터, 1킬로그램, 1초. 우리가 눈앞에 있는 무엇인가를 재려고 할 때 필요한 '단위'는 전부 우리의 어머니별 '지구'에서 탄생했다. 그리고 이 단위의 탄생에는 인간이라는 '산파'와 수라는 '아기를 씻길 더운 물'이 필요했다.

여러분은 지구의 크기가 얼마인지 아는가? 북극과 남극을 지나가는 거대한 원(자오선)의 반지름은 약 6,357킬로미터다. 이것만 보면 언뜻 어중간한 수 같지만, 원둘레는 다르다. 원둘레의 길이는 지름의 약 3.14배이므로, 지구의 원둘레는 '6357×2×

3.14=39921.96(킬로미터)'가 된다. 즉, 거의 4만 킬로미터(4천만 미터)다. 과연 이것은 우연일까?

사실 '미터'에는 숨겨진 비밀이 있다.

 ### 지구 둘레의 길이에서 미터가 탄생하다

때는 18세기, 프랑스. 사람들은 나라마다 제각각이었던 길이를 나타내는 방식, 즉 단위 문제로 골머리를 앓았다. 1789년에 프랑스 혁명이 성공하자 신정부의 정치가 찰스 모리스 탈레랑(Charles-Maurice de Talleyrand-Périgord, 1754~1838)은 그때까지 세계적으로 제각각이던 길이의 단위 대신 모두가 사용할 수 있는 하나의 단위를 만들자고 외쳤다.

이에 프랑스의 과학자들은 길이의 단위를 결정하는 과학적 방법을 놓고 토론을 벌였다. 그리고 1891년, 파리를 통과하는 '적도에서 북극까지의 길이'를 측정해 그 '1천만 분의 1'을 길이의 기준으로 삼기로 결정했다. 즉 '자오선(북극과 남극을 연결하는 선) 전체 둘레의 4천만 분의 1을 1미터'로 결정한 것이다. 이것이 지구의 원둘레가 거의 4만 킬로미터로 딱 떨어지는 이유다.

프랑스는 1792년부터 지구 측량을 시작했고, 1798년에 프랑스의 도시 됭케르크과 스페인의 도시 바르셀로나 사이의 약 1천

킬로미터를 측량하는 데 성공했다. 프랑스 혁명이 한창인 가운데 7년이라는 세월에 걸쳐 목숨을 걸고 국경을 넘나들며 실시한 삼각 측량 덕분에 자오선 전체의 둘레 길이를 계산할 수 있었고, 이 결과를 바탕으로 비로소 '미터'가 탄생했다.

처음에만 해도 이 새로운 단위는 좀처럼 보급되지 않았다. 그러나 프랑스 정부는 전 세계를 상대로 꾸준히 보급 활동을 펼쳤고, 1875년 5월 20일에 마침내 파리에서 17개국의 서명으로 '미터 조약'이 성립했다. 프랑스가 '미터'라는 단위를 정하고 보급 활동을 펼친 지 80여 년 만에 그 노력이 인정을 받은 것이다. 한편 일본은 1885년에 '미터 조약'에 가입했지만 '미터'가 본격적으로 사용된 시기는 '척(尺)·관(貫)'을 기본으로 한 기존 도량형법의 폐지를 거쳐 '계량법'이 보급된 1966년 이후였다. 역시 80년이라는 세월이 걸린 셈이다(우리의 경우는 1948년부터 미터법과 국제단위계를 표준 계량 단위로 지정하였으며, 이후 1961년에 미터법 사용에 대한 법률이 만들어졌고 1964년부터 미터법을 공식적으로 사용하기 시작했다.─옮긴이).

현재 미터 조약 가맹국은 51개국으로 늘어났다. 프랑스 혁명 시대에 '세계 어디에서나 사용할 수 있는 하나의 단위'를 만들고자 했던 사람들의 노력은 확실한 결실을 맺었다고 할 수 있다.

섭씨 4도의 증류수 1리터가 '1킬로그램'

이와 같이 '1미터'는 지구의 둘레 길이를 바탕으로 결정되었다. 그리고 한 변이 그 10분의 1, 즉 10센티미터인 정육면체의 부피는 10센티미터×10센티미터×10센티미터=1000세제곱센티미터다. 이 부피가 '1리터'이며, '1리터'의 물의 무게(정확히는 질량)가 '1킬로그램'으로 결정되었다. 그러나 1리터의 물의 부피는 온도에 따라 변화한다. 그래서 1790년에 1킬로그램을 '최대 밀도 온도(섭씨 4도)인 증류수 1리터의 질량'으로 정의했다.

이렇게 해서 질량의 기본 단위는 '1킬로그램이 되었으며, 이

◆ '국제 킬로그램원기'

백금 90퍼센트, 이리듐 10퍼센트로 구성된 합금 덩어리.
지름과 높이가 모두 약 39밀리미터인 원기둥이다.

파리의
국제 도량형국에서
보관하고 있어.

후 불안정한 물 대신 국제 킬로그램원기(原器)의 질량을 '1킬로그램'으로 삼아 현재에 이르고 있다.

이와 같이 지구의 둘레 길이에서 길이의 단위 '미터'가 탄생했고, 그 '미터'에서 부피의 단위인 '리터'가 결정되었으며, 그 물에서 무게의 단위 '킬로그램'이 탄생했다. 그러므로 무게의 단위는 '킬로그램'이지 결코 '그램'이 아니다. '1킬로그램의 1천분의 1'을 '1그램'으로 결정했을 뿐이다.

커다란 수치를 읽는 법

지구의 무게는 약 '5972190000000000000000000킬로그램'이다. 그러면 큰 수치를 어떻게 읽는지에 관해 살펴보자.

그것은 몇 천, 몇 백, 몇 십, 몇의 반복이다. 즉 4자리마다 만, 억, 조 같은 단위가 붙는다. 단위 밑의 수는 '0'의 개수다. 예를 들어 '123억'은 '123' 뒤에 '0'을 '8개' 붙여서 '12,300,000,000'이 된다(우리나라 일본의 숫자 체계는 4자리마다 단위가 붙으므로 원서의 123,0000,0000처럼 숫자의 넷째 자리에 콤마를 찍어줘야 한다는 의견이 있으나 여기서는 국제단위 표기법에 따라 셋째 자리마다 콤마를 찍었다.─옮긴이). 그렇다면 '조'는 어떨까? 앞에서 4자리마다 단위가 달라진다고 했으므로 '8개'에 '4개'를 더해 '0이 12개'가 된다. 그리고 '경'은 여기에서 '4개'가 더 붙어 '0이

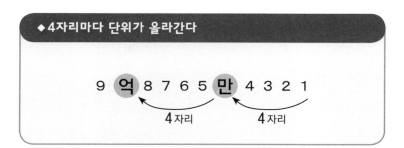

◆4자리마다 단위가 올라간다

9 억 8 7 6 5 만 4 3 2 1

4자리　　　4자리

◆0의 수는 이렇게 된다

만	억	조	경	해	자	양	구	간	정	재
4	8	12	16	20	24	28	32	36	40	44

극	항하사	아승기	나유타	불가사의	무량대수
48	52	56	60	64	68

16개'가 된다. 이런 식으로 진행하면 지구의 무게는 '약 5자(秭)
9721해(垓) 9000경 0000조 0000억 0000만 0000킬로그램'이
되며, '약 5자 9721해 9천경 킬로그램'이라고 읽을 수 있다.

  '1초'는 지구와 태양의 운행에서 결정되었다

시간의 단위인 '초'도 원래는 지구의 운행에서 결정되었다.

60초는 1분, 60분은 1시간, 24시간은 하루가 된다. 즉, 하루는 60×60×24=8만 6,400(초)다. 그리고 이 '하루의 초수(秒數)'가 포인트가 된다.

지구는 남극과 북극을 축으로 회전한다. 이른바 지구의 자전인데, 지구에서 태양을 바라보면 태양이 지구 주위를 돌고 있는 듯이 보인다. 인류는 지구에서 보이는 태양의 이러한 움직임을 수천 년 전부터 관찰해왔다. 태양의 운행을 정밀하게 관찰해 '하루의 길이(자전 주기)'를 알아냈고, 관측된 '하루 길이의 8만 6,400분의 1'을 '1초'로 결정했다. 이렇게 해서 지구의 자전으로부터 '초'가 결정되었다.

그러나 일정한 줄만 알았던 지구의 자전 속도가 변화한다는 사실이 차츰 밝혀지자 좀 더 안정된 운행을 기준으로 '초'를 결정해야 할 필요성이 생겨났다. 그것이 지구의 공전이다. 지구가 태양 주위를 한 바퀴 도는 시간(공전 주기)은 '1년'이다. 지구가 태양의 주위를 회전하는 운행은 매우 안정적이라는 사실이 밝혀졌다. 즉 이번에는 '하루'가 아니라 '1년'을 기준으로 '초'를 구하게 된 것이다.

그런데 여러분은 '1년'이 몇 초인지 아는가? 한번 계산해보자. 하루가 8만 6,400초이고 1년은 365일이므로 8만 6,400×365=3,153만 6,000(초)다. 다만 실제 공전 주기는 365일보다 조금 긴 3,155만 6,925.9747초다.

이렇게 해서 1960년경에 '1년의 3,155만 6,925.9747분의 1을 1초로 삼는다.'라고 국제적으로 결정되었다.

 ### 왜 '빛'을 길이의 기준으로 삼았을까

이와 같이 길이와 무게, 시간의 단위는 원래 지구를 기준으로 정해졌는데, 시간이 지남에 따라 더욱 높은 정밀도를 요구하게 되었다. '1미터'는 지구의 둘레 길이에서 '미터원기', 그리고 '원자의 세계'라는 궁극의 정밀도가 실현하는 마이크로의 세계로 무대를 이동했다. 바로 '빛'이다. '1미터'는 1960년에 '크립톤 86이 방출하는 빛의 파장의 165만 763.73배'로 정의되었고, 1983년에 '진공 속에서 빛이 2억 9,979만 2,458분의 1초 동안 나아가는 거리'로 다시 정의되기에 이르렀다.

왜 '빛'을 기준으로 삼았을까? 그 이유를 가르쳐준 사람은 앨버트 아인슈타인(Albert Einstein, 1879~1955)이다. 그의 '특수 상대성 이론'에 따라 빛의 속도는 광원의 운동과 상관없이 일정하며, 또 모든 빛이(파장에 상관없이) 일정함이 실증되었기 때문이다.

그런데 이 미터의 정의에 '초'가 사용되었음을 눈치 챈 사람도 있을 것이다. 즉 '초가 있기에 성립하는 미터'라는 관계가 되었는데, 그 '1초'의 정의도 '미터'와 마찬가지로 변화해왔다. 지구의 자전에서 공전으로, 그리고 지금은 원자시계를 통해 정확한 '1초'가 정의되었다. 원자시계는 원자가 지닌 특정한 주파수의 전자파를 흡수하거나 방출하는 성질을 응용한 것이다. 오차가 불과 '1억 년에 1초'라는 '세슘 원자시계'를 기준으로 1960년에 '1초'가 정의되었는데, 정확히는 '세슘 133 원자가 바닥 상태에 있는 초미세 전자 2개 사이를 이동할 때 방출하는 복사선이 91억 9,263만 1,770번 진동하는 데 필요한 시간'이다.

이후에도 '원자시계'의 정밀도를 더욱 높이려는 노력은 계속되고 있으며, 현재 오차가 수백억 년에 1초밖에 나지 않는 '초고도의 초정밀 원자시계'의 개발이 진행되고 있다.

원자의 세계를 무대로 탐구는 계속된다

원래 '미터'와 '초'는 각각 지구의 둘레와 지구의 자전 주기라는 서로 다른 기준에 따라 정의되었다. 그러나 현재는 '초'가 기본이 되고 이것을 바탕으로 '미터'를 정의하게 되었는데, 이는 물리학의 발전에 따른 것이다.

단위 발전의 역사는 먼저 지구라는 대지에서 출발해 태양까지 확대되었고, 다음에는 '빛과 원자'라는 물리학의 세계로 무대를 옮겼다. 그런데 재미있게도 '킬로그램'의 정의만큼은 물에서 '킬로그램원기'로 바뀐 뒤 지금까지 유지되고 있다. 이것은 '킬로그램원기'보다 정밀도가 높은 정의 방법이 아직까지 없기 때문이다. 현재 더 정밀도가 높은 정의 방법을 찾기 위한 연구가 활발히 진행되고 있는데, 이 경우도 역시 원자의 세계를 무대로 물리학의 법칙을 이용하게 될 것이다.

예를 들면 180쪽의 그림을 보기 바란다. '아인슈타인의 에너지와 질량 관계식'에 '파장 λ(람다 미터)인 광자 에너지 E(J)의 관계식'을 조합하면 '1킬로그램은 어떤 파장 λ(미터)인 광자의 에너지와 같은 정지 에너지를 가진 물체의 질량'으로 정의할 수 있다.

이야기가 계속 물리학 쪽으로 진행되는 바람에 물리학을 모르는 사람은 이해하기가 어려울 것이다. 그러나 '미터'가 탄생한 이야기를 되돌아보면 사실 변한 것은 아무 것도 없음을 깨닫게 될 것이다. 당시의 최첨단 과학을 통해 '미터'가 정의되었을 때, 그 무대는 우리 인간이 사는 '지구'라는 대지였다. 그리고 현재 '단위'를 둘러싸고 논의가 진행되고 있는 무대는 우리가 새로 발견한 '시공', 나아가서는 '우주'라는 수학과 과학의 대지다.

우리는 한 바퀴가 약 4천만 미터이고 무게가 약 6자(秭) 킬로그램, 자전 주기가 8만 6,400초인 지구라는 별에서 살고 있다. 우리의 대지가 지구에서 시공, 우주로 바뀜에 따라 정밀도는 비약

$$E = mc^2$$

빛의 속도 c = 299792458 m/s

이 식과,

파장 λ (미터)인 광자의 에너지 E(J)의 관계식

$$E = ch / \lambda$$

플랑크 상수 h = 6.62606986 × 10⁻³⁴Js

를 조합한다.

적으로 향상되었다. 단위의 정의가 아무리 복잡해진들 우리는 앞으로도 변함없이 길이와 무게, 시간의 단위로 각각 '미터'와 '킬로그램', '초'를 사용할 것이다.

이와 같이 보편적인 단위를 정의하기 위해서는 천문학과 물리학, 화학, 공학 등 수많은 분야의 발전이 필요하다. 인류의 지혜를 총동원했을 때 겨우 성립하는 것이 바로 단위다. 수학은 그중 하나에 불과하지만, 수는 모든 분야의 밑바탕이라고 할 수 있다. 그리고 '미터(meter)'에는 '잰다'라는 의미가 있다. '기하학(geometry)'은 'geo(지구, 대지)'를 'metry(잰다)', 즉 '지구를 측정한다.'라는 의미의 단어다. 우리는 이 지구에 살며 지구를 측정해

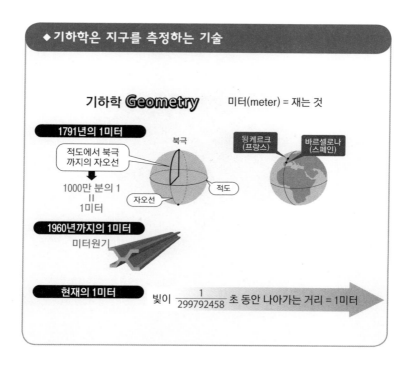

◆ 기하학은 지구를 측정하는 기술

기하학 Geometry

미터(meter) = 재는 것

1791년의 1미터

적도에서 북극 까지의 자오선

북극

됭케르크 (프랑스)   바르셀로나 (스페인)

1000만 분의 1
=
1미터

적도

자오선

1960년까지의 1미터

미터원기

현재의 1미터

빛이 $\dfrac{1}{299792458}$ 초 동안 나아가는 거리 = 1미터

왔다. 그리고 '측정'을 하려면 '수'가 필요했다.

프랑스 혁명 투사들이 꿨던 '단위의 세계 통일'이라는 꿈은 점점 이루어지고 있다. 현재 보편적인 단위는 수많은 나라의 경쟁과 협력을 통해 지탱되고 있다. 파리에서 17개국이 서명한 '미터 조약'이 성립된 때는 1875년 5월 20일이었다. 이 5월 20일은 '세계 계량 기념일'이 되었다. 여러분도 이 날만큼은 '미터'와 '킬로그램', '초'에 담긴 선인의 꿈과 노력을 기억해주길 바란다.

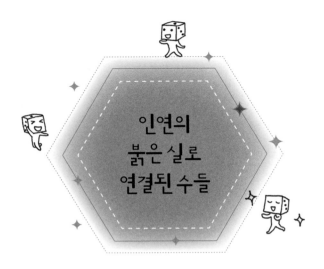

겨우 47개밖에 발견되지 않은 완전수

'6', '28', '496'처럼 자기 자신을 제외한 모든 약수의 합이 자신과 같은 수를 '완전수'라고 한다. 무한한 자연수 가운데 '완전수'는 아직까지 47개밖에 발견되지 않았다.

'완전수' 탐사의 어려움은 소수 탐사의 어려움과 관련이 있다.

▶ **완전수**

6 = 1+2+3+~~6~~

28 = 1+2+4+7+14+~~28~~

496 = 1+2+4+8+16+31+62+124+248+~~496~~

서로 쌍이 되는 우애수

한편 '우애수(친화수)'는 '자기 자신을 제외한 모든 약수의 합'이 구성하는 수의 쌍을 의미한다.

▶ 우애수

220의 약수의 합 = 1+2+4+5+10+11+20+22+44+55+110+~~220~~ = **284**

284의 약수의 합 = 1+2+4+71+142+~~284~~ = **220**

1184의 약수의 합 = 1+2+4+8+16+32+37+74+148+296+592+~~1184~~ = **1210**

1210의 약수의 합 = 1+2+5+10+11+22+55+110+121+242+605+~~1210~~ = **1184**

한 바퀴 빙글 춤추는 사교수

또한 '사교수'(12496, 14288, 15472, 14536, 14264)라는 수도 있다. 이것은 '12496'의 약수의 합이 '14288'이 되고, 그 '14288'의 약수의 합이 '15472'가 되며, 마지막에는 '14264'의 약수의 합이 처음의 '12496'이 된다. 즉 '사교수'는 빙글 하고 한 바퀴를 도는 관계다.

12496의 약수의 합 = 1+2+4+8+11+16+22+44+71+88+142+
176+284+568+781+1136+1562+3124+6248+~~12496~~ = **14288**

14288의 약수의 합 = 1+2+4+8+16+19+38+47+76+94+152+
188+304+376+752+893+1786+3572+7144+~~14288~~ = **15472**

15472의 약수의 합 = 1+2+4+8+16+967+1934+3868+7736+
~~15472~~ = **14536**

14536의 약수의 합 = 1+2+4+8+23+46+79+92+158+184+316
+632+1817+3634+7268+~~14536~~ = **14264**

14264의 약수의 합 = 1+2+4+8+1783+3566+7132+
~~14264~~ = **12496**

수와 수의 관계를 찾아낸다

이것은 '완전수'는 '하나'의 수, '우애수'는 '한 쌍', 그 이상의 조합은 '사교수'와 같이 약수의 합을 통해 수와 수의 관계를 찾아내려고 하는 생각이다. '완전수'라는 이름을 붙인 사람은 고대 그리스의 유클리드(Euclid, BC 330년경~BC 275년경)였다. 기하학의 아버지로도 불리는 유클리드는 '$2^{n-1}(2^n-1)$'이 완전수이기 위한 필요충분조건은 '2^n-1'이 소수인 것이라고 말했다.

또 피타고라스학파는 '완전수'와 '우애수'의 존재를 알고 있었으며, 완전수인 '6'을 '결혼을 의미하는 수'라고 생각했다. 피타고라스학파는 첫 번째 짝수인 '2'를 여성, 이어지는 홀수인 '3'을

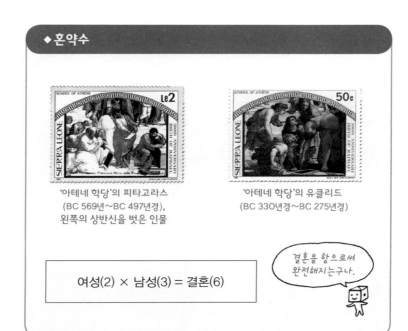

◆ 혼약수

'아테네 학당'의 피타고라스
(BC 569년~BC 497년경),
왼쪽의 상반신을 벗은 인물

'아테네 학당'의 유클리드
(BC 330년경~BC 275년경)

여성(2) × 남성(3) = 결혼(6)

결혼을 함으로써
완전해지는구나.

남성으로 여겼는데, '6'은 이 두 수를 곱한 수이기 때문이다.

1과 자기 자신을 제외한 혼약수

'완전수' '우애수' '사교수'에는 공통된 특성이 있다. 바로 약수에서 자기 자신을 제외하고 생각한다는 점이다. 자기 자신을 약수에 포함시키면 자신의 크기를 초월해버리므로 자기 자신이 약수의 합과 같다는 관계가 성립하지 않기 때문이다.

그러면 발상을 조금만 더 전진시켜보자. 모든 자연수의 약수는 '1'과 '자기 자신'을 포함한다. 그런데 '완전수'와 '우애수', '사교수'는 약수에서 자기 자신만을 제외한다. 그러나 이번에는 '1'도 함께 제외시켜보면 어떨까? 이런 발상을 적용한 것이 바로 '혼약수'다.

▶ 혼약수

48의 약수의 합 = 2+3+4+6+8+12+16+24+~~48~~ = **75**

75의 약수의 합 = 3+5+15+25+~~75~~ = **48**

140의 약수의 합 = 2+4+5+7+10+14+20+28+35+70+~~140~~ = **195**

195의 약수의 합 = 3+5+13+15+39+65+~~195~~ = **140**

1050의 약수의 합 = 2+3+5+6+7+10+14+15+21+25+
30+35+50+70+75+105+150+175+210+350+525+~~1050~~ = **1925**

1925의 약수의 합 = 5+7+11+25+35+55+77+175+
275+385+~~1925~~ = **1050**

이와 같이 (48, 75)가 가장 작은 '혼약수'의 쌍이며, 다음에는 (140, 195), (1050, 1925)로 이어진다.

인간은 수와 수를 맺어주는 중매인

중매인은 서로 모르는 두 사람을 맺어주는 사람이다. 처음 만난 두 사람은 서서히 서로를 알아가고, 얼마 후 결혼에 이른다. 그러면 중매인의 역할은 끝이 난다. 맺어진 두 사람이 행복할수록 오래전부터 인연의 붉은 실(중국 전설에 등장하는 이야기로 운명적으로 이어질 수밖에 없는 관계를 의미함—옮긴이)로 맺어진 사이였다고 확신한다. 그러나 아무리 인연의 붉은 실로 맺어진 사이라 해도 두 사람이 스스로의 힘으로 만나기는 쉽지 않다. 붉은 실이 보이는 특수한 능력을 지닌 중매인만이 두 사람을 확실히 연결시킬 수 있다.

(220, 284) 같은 '우애수'의 쌍은 서로가 붉은 실로 연결되어 있다는 사실을 몰랐다. 이 두 수가 맺어지기 위해서는 중매인인

◆ 수와 수를 짝지은 수학자 오일러

레온하르트 오일러
(1707~1783)

인간의 힘이 필요했다. 그리고 계산이라는 특수한 능력을 지닌 인간, 그것도 고도의 계산 능력을 갖춘 수학자가 그 영광스러운 임무를 맡았다. 특히 스위스의 레온하르트 오일러는 수와 수를 맺어주는 최고의 중매인이었다. 오일러 이전에 발견된 우애수는 불과 세 쌍이었다. 그러나 오일러는 혼자서 59쌍이나 되는 수의 짝을 맺어주는 데 성공했다.

오일러조차도 고뇌에 빠트린 난제

참고로 '우애수'의 쌍은 (220, 284), (1184, 1210)처럼 짝수와 짝수다. '우애수'의 쌍이 각각 홀수와 짝수인 예는 아직 발견되지 않았다. 또 지금까지 발견된 '완전수'는 전부 짝수다. 홀수인 '완전수'가 있느냐 없느냐는 아직도 해결되지 않은 난제다. 해석학에 절대적인 공헌을 한 천재 수학자 오일러조차도 1747년의 논문에서 이 문제 해결의 어려움을 토로했을 정도다.

남녀의 숫자가 만날 때

피타고라스학파의 생각을 다시 떠올려보기 바란다.
짝수인 2는 여성, 홀수인 3은 남성이었다.

짝수와 짝수의 조합인 우애수는 즉 여성끼리의 만남이다. 그러므로 결혼이 아니라 우애가 더 잘 어울리는 이름이라고 할 수 있다.

또 '완전수'가 전부 짝수, 즉 여성이라는 것도 왠지 고개가 끄덕여지지 않는가? 인간의 원형인 여성은 '완전'한 존재로서 태어나기 때문이다.

그리고 '혼약수'의 쌍은 (48, 75), (140, 195), (1050, 1925)와 같이 짝수와 홀수, 즉 여성과 남성의 커플이다. 그러므로 '결혼수'라고 이름을 붙여도 괜찮을지 모르겠다.

수는 지금도 조용히 기다리고 있다.

인간이라는 중매인에게 발견될 날을.

언어로 표현하는 수학의 매력에 흠뻑 빠지다

계산은 여행이다.

'머리말'에서도 했던 이 말이 왜 갑자기 떠올랐는지 곰곰이 생각해보니, 그 원점은 마쓰오 바쇼(松尾芭蕉, 1664~1694)였다.

1689년, 바쇼는 후카가와의 암자에서 도호쿠 지방으로 여행을 떠났다.

해와 달은 100대(代)에 걸친 긴 시간을 여행하는 여행자와 같고,

그 지나가는 1년 1년 또한 여행자라네.

배 위에서 생애를 보내고

말을 끌며 늙어가는 사람은

하루하루가 여행이며 여행을 자신의 거처로 삼네.

옛사람 중에도 여행 도중에 죽은 사람은 많다네.

「깊은 오솔길(奧の細道)」의 첫머리를 읽다보면 여행에 대한 마쓰오 바쇼의 심상치 않은 결의가 잘 전해진다. 나는 초등학교에 다닐 때부터 여행을 좋아했다. 정확히 말하면 발길 닿는 대로 멀리까지 떠나기를 좋아했다. 때로는 자전거를 타고, 때로는 기차를 타고…….

또 어렸을 때 나는 계산하기도 좋아했는데, 그 계기는 라디오 제작이었다. 전기 회로도를 능숙하게 만들려면 계산을 해야 했는데, 점차 라디오 제작보다 계산이 더 재미있어졌다.

그리고 중학생이 되어 국어 교과서에서 마쓰오 바쇼의 「깊은 오솔길」을 접한 나는 커다란 충격을 받았다. 바쇼의 하이쿠(俳句, 5·7·5조 17음으로 이뤄진 일본의 정형시─옮긴이)는 그때까지 매일 보면서도 별다른 감흥이 없었던 고향 야마가타의 풍경이 얼마나 멋지고 아름다웠는지를 깨닫게 해줬다. 그곳에는 바쇼의 목숨을 건 '여행' 속에서 탄생한 하이쿠라는 언어의 힘이 있었다.

그리고 역시 중학생 시절에 좋아하게 된 아인슈타인의 세계가 나의 내부에서 바쇼의 하이쿠와 결합했다. 아인슈타인은 우주의 진리를 수식으로 나타냈고, 바쇼는 일본의 자연을 하이쿠로 표현했다. 양쪽 모두 대자연의 아름다움을 언어로 표현했고, 나는 그 표현에 감동을 받았다. 바쇼 덕분에 언어로 표현하는 수학의 매력을 깨달은 것이다. 천재란 대자연의 숨겨진 본질을 꿰뚫어보고 언어로 멋지게 표현할 수 있는 사람임을 실감했다.

그리고 나는 수학이라는 언어를 선택했다.

바쇼에게 '옛사람'은 존경하는 사이교(西行) 법사나 노인(能因) 법사였지만, 내게 옛사람은 네이피어와 오일러, 리만, 라마누잔 같은 수학자였다. 바쇼가 언젠가 사이교 법사나 노인 법사처럼 목숨을 건 여행을 실현하고 싶어했듯이, 나도 언젠가 목숨을 건 계산 여행을 떠나고 싶다는 꿈을 꾸면서 수학의 매력을 알리는 과학 길라잡이 생활을 계속하고 있다.

한 인간의 시간은 길어야 100년 정도에 불과하다. 끝없는 계산 여행에 비하면 너무나도 짧다. 그러나 한 사람 한 사람의 계산 여행이 이어져간다면 혼자서는 도달할 수 없는 아주 먼 곳까지 갈 수 있다. 서로 다른 세계, 서로 떨어진 세계 사이에 등호라는 다리를 놓는 것이 수학자의 임무다. 계산 여행을 계속할수록 새로운 풍경, 그전까지 아무도 알지 못했던 세계를 만나게 된다.

등호라는 다리를 연결하고자 하는 여행자의 마음과 만났을 때
우리는 수식에 감동을 받는다.

　바쇼의 하이쿠와 만났을 때처럼……

　　수식이라는 이름의 열차가 이퀄이라는 레일 위를 달리네.

　　여행자에게는 꿈이 있다네.

　　낭만을 좇는 끝없는 계산 여행

　　아직 보지 못한 풍경을 찾아

　　오늘도 여행을 계속한다네.

- 일본 수학회 편집, 『이와나미 수학 사전(岩波数学辞典)』(제4판), 이와나미서점(岩波書店).

- 『이와나미 수학 입문 사전(岩波 数学入門辞典)』, 이와나미서점.

- 사쿠라이 스스무, 『설월화의 수학(雪月花の数学)』, 쇼덴샤황금문고(祥伝社黄金文庫).

- 윌리엄 던햄(William Dunham) 지음, 『오일러 입문(オイラー入門)』, 슈피겔 페어락 도쿄.

- 가타노 젠이치로(片野善一郎) 지음, 『수학 용어와 기호 이야기(数学用語と記号ものがたり)』, 쇼카보(裳華房).

- 사이먼 G. 긴디킨(Simon G. Gindikin) 지음, 『가우스가 열어젖힌 문(ガウスが切り開いた道)』, 슈피겔 페어락 도쿄.

- 사이토 마사히코(齋藤正彦) 지음, 『선형 대수 입문(線型代数入門)』, 도쿄대학출판회.

- 사타케 이치로(佐武一郎), 『선형대수학(線型代数学)』, 쇼카보.

- N. A. 비르첸코(N. A. Virchenko) 지음, 『수학 명언집(数学名言集)』, 오타케출판(大竹出版).

- 사토 겐이치(佐藤健一) 지음, 『신·와산 입문(新·和算入門)』, 겐세이샤(研成社).
- 네가미 세이야(根上生也) 지음, 『토폴로지컬 우주 완전판 – 푸앵카레 추측의 해결을 향한 길(トポロジカル宇宙 完全版—ポアンカレ 予想解決への道)』, 일본평론사.
- 마쓰모토 유키오(松本幸夫) 지음, 『다양체의 기초(多様体の基礎)』, 도쿄대학출판회.
- 켄 앨더(Ken Alder) 지음, 『만물의 척도를 찾아서(万物の尺度を求めて)』, 하야카와서방(早川書房).
- H. E. Dudeney, *The Canterbury Puzzles*, Dover Publications.

◆참고 URL
- 정사각형 분할 http://www.squaring.net/
- 페르마 수 http://www.prothsearch.net/fermat.html

초 재밌어서 밤새 읽는 수학 이야기

1판 1쇄 발행 2014년 1월 29일
1판 12쇄 발행 2023년 5월 13일

지은이 사쿠라이 스스무
옮긴이 김정환
감수자 계영희

발행인 김기중
주간 신선영
편집 민성원, 백수연, 정진숙
마케팅 김신정, 김보미
경영지원 홍운선

펴낸곳 도서출판 더숲
주소 서울시 마포구 동교로 43-1 (04018)
전화 02-3141-8301~2
팩스 02-3141-8303
이메일 info@theforestbook.co.kr
페이스북·인스타그램 @theforestbook
출판신고 2009년 3월 30일 제2009-000062호

ISBN 978-89-94418-67-4 03410